图书在版编目（CIP）数据

欧陆甜品新风尚：西里尔·利尼亚克的甜品制作／（法）西里尔·利尼亚克（Cyril Lignac）著；李玥頔译 . —武汉：华中科技大学出版社，2021.3
ISBN 978-7-5680-0566-1

Ⅰ.①欧⋯ Ⅱ.①西⋯ ②李⋯ Ⅲ.①甜食－制作 Ⅳ.①TS972.134

中国版本图书馆CIP数据核字（2020）第244560号

La pâtisserie by Cyril Lignac, Photographies by Jérôme Galland
© 2017 Éditions de La Martinière, une marque de la société EDLM, Paris
Simplified edition arranged through Dakai L'Agence.

本作品简体中文版由Éditions de La Martinière授权华中科技大学出版社有限责任公司在中华人民共和国境内（但不包括香港、澳门和台湾地区）出版、发行。
湖北省版权局著作权合同登记　图字：17-2020-174号

欧陆甜品新风尚：
西里尔·利尼亚克的甜品制作
Oulu Tianpin Xinfengshang: Xi Li Er Li Ni Ya Ke de Tianpin Zhizuo

[法] 西里尔·利尼亚克（Cyril Lignac）　著
李玥頔　译

出版发行：华中科技大学出版社（中国·武汉）　　　电话：(027) 81321913
　　　　　北京有书至美文化传媒有限公司　　　　　　(010) 67326910-6023
出 版 人：阮海洪

责任编辑：莽　昱　谭晰月
责任监印：徐　露　郑红红　　　　封面设计：邱　宏

制　　作：北京博逸文化传播有限公司
印　　刷：广东省博罗县园洲勤达印务有限公司
开　　本：889mm×1194mm　　1/16
印　　张：14
字　　数：59千字
版　　次：2021年3月第1版第1次印刷
定　　价：189.00元

本书若有印装质量问题，请向出版社营销中心调换
全国免费服务热线：400-6679-118　竭诚为您服务
版权所有　侵权必究
华中出版

LA

PÂTISSERIE

CYRIL LIGNAC

欧陆甜品新风尚

西里尔·利尼亚克的甜品制作

[法]西里尔·利尼亚克（Cyril Lignac） 著　李玥頔 译

华中科技大学出版社
http://www.hustp.com

有书至美
BOOK & BEAUTY

中国·武汉

前言

无论是体育、政治、文化或是美食，我们的时代渐渐迷失在对极致非凡的盲目追求中。那些潮流引领者们坚信，人生归根结底将会是一场人与人之间的竞争，因此他们总是想要比别人做得更好、更新颖、更惊艳……但这样盲目的攀比和竞争必然会让我们与那些生活中弥足珍贵的事物渐行渐远，难道除此之外我们就没有其他可追求的目标了吗？比如质朴的味道，比如那些平凡普通却能将人们紧紧联结在一起的事物：像是集体游戏、童年回忆、幽默感或分享的乐趣……

一味地追求独特和卓绝让我们在自私自利和自我陶醉中枉费精力，反而将事物珍贵的本质抛之脑后，正如花朵的美丽、阳光洒落在后背的温暖。而恰恰正是那些平凡的瞬间将我们凝聚在一起，就像巧克力在舌尖融化的幸福、慢慢品味车轮泡芙的松脆、焦糖榛子酱的香甜、英式奶油酱、熟透的水果…… 而所有的这些满足和慰藉都能在推开西里尔·利尼亚克甜点店大门的一刻被找到。

日常幸福的秘诀

"甜点代表了母性般的温柔。希望我的甜点能够给予人们温暖和慰藉，为他们带去美好与甜蜜。"

至于原因是什么，作为一个在阿韦龙乡村自由成长的小伙子，一位在妇女们以分享为目的指导下学习和成长起来的天生的厨师，一位在巴黎甜点巨匠们的光芒下崭露头角的美学甜点师，西里尔·利尼亚克自始至终主张追求简单的快乐、慷慨与温柔的权利。

他的甜点店像一个救赎心灵的场所，践行着日常生活的艺术。它让人意识到正是这些最简单质朴的快乐将我们凝聚在一起。它让我们回归作为孩子、女人和男人的初心和本真，并告诉我们最重要的并不是吃"别家没有的东西"，而是意识到我们正享受着美食带来的相同的快乐，也正是无数个这样的美好瞬间构成了社会生活的共同基石。

西里尔·利尼亚克和他的合伙人博努瓦·库朗让我们意识到真正的天才甜点师是将天分和才能完美地施展在创造所有人都触手可及的点滴幸福上。而这正是无数人呕心沥血、不惜代价追求的卓越，事实上它既不稀有也不特别，更不是所谓的独一无二，它质朴而真实地存在于我们生活中的每一天，以同样的强烈和激情周而复始，生生不息。

保罗-亨利·比松

目录

与西里尔·利尼亚克和
博努瓦·库朗的对谈

保罗-亨利·比松

今日之甜点

应当永远倾听时代的声音，顺应时代的步伐。在我看来，这些年来甜点已经有些迷失在技巧性的试验中，繁复的结构、慕斯、乳化剂。为了用独特的外表给人们留下深刻的印象，甜点师们已经有些忽视了食物本质的味道以及消费者所追求的品位。事实上，对简单味道的追寻其实正是消费者们最先想要感受到的快乐！对年轻一代而言，对食物本质的追求更是被重新摆放在了第一位。这一点既是人们内心强烈的渴求，也是我们所希望去实现的：通过甜点的制作，回溯到美食最本质的源头。如同巴黎车轮泡芙、朗姆巴巴以及柠檬挞，这些甜点本身不再需要为自己做出任何的证明，但是却如此深刻地根植于人们的脑海中，源源不断地为人们提供着灵感，永恒地被发掘和再创造。

对博努瓦和我而言，通过对质朴的传统食物创新加工带给人们惊喜，这既是乐趣也是绝对的挑战。

四手联弹般的创作

巴黎车轮泡芙就是一个绝佳的例子。我们刚刚完成了一个新品的研发。作为我们开店以来的第二个创新，类似于"香蕉胡萝卜车轮蛋糕"这种限量系列的甜点虽然足够吸引人，但却无法历久弥新。若要脱颖而出，则需另辟蹊径。

一开始，我注意到了大众消费习惯上的改变，人们越来越少选择一整个的大蛋糕而开始倾向于购买几个体积小巧便于分享的小点心，这种方式能够一次品尝更多的口味。因此，我便开始构思一款像一口酥般外形小巧、一个个排列成行的巴黎车轮泡芙。事实证明，这个想法非常成功。很快，同样的制作方式就在很多甜品店成了主流。是时候再开发一些与众不同的创意了，我首先想到了葡萄干面包，人们通常会把葡萄干面包展开，先吃柔软可口的面包心。于是我便构思了一款像葡萄干面包一样的巴黎车轮泡芙：卷曲的螺旋形的外表，但是每一个部分都可口好吃。在与博努瓦分享了我的想法后，他便开始用各种技术尝试着实现我的创意。为了达到令人满意的结果，我们用了整整四个月的时间进行研究试验，最终成功发明了一款拥有如葡萄干面包一般的螺旋外形，同时也更加美味可口的甜点。我们为此重新改良了焦糖榛果酱，反复试验泡芙的松脆度，研究皮埃蒙特榛子的口感……这样的工作我们早就习以为常。我们二人之间非常互补，并且完全信任对方。在我的餐厅里，我每天都接触顾客，捕捉新的时尚潮流，聆听新的期待。我试着把这些融入我的创意中，然后由博努瓦在工作室中将它们一一实现。他将我的想法付诸实践并尽最大的努力进行优化。在这个过程中，我们彼此也在不断地切磋探讨，根据各自的经验做出调整。

招牌甜点

对我们的招牌甜点来说也是一样的，从一开始，我们就希望我们的甜点能够为客人提供最棒的传统风味——例如朗姆巴巴、巴黎布雷斯特车轮泡芙……并且用最新颖的创作给大家带来不经意的惊喜。就是带着这样的初衷我们创作出了招牌甜点"春分"。这是一款极具当代理念的蛋糕，同时我们也考虑到客人们的需求，将它设计成拥有更适合作为餐末甜点食用的外形和大小。因为对越来越多的客人来说，比起购买一整个大蛋糕，他们如今更倾向于同时购买几个这样的小甜品和朋友们一同分享。

我们精心地平衡了包裹着焦糖奶油冻的香草慕斯、柔滑的香草巧克力甘纳许和酥脆的比利时焦糖饼干底之间的口感，同时赋予了这款甜点令人惊奇的灰色外表，并以巧克力天鹅绒喷砂和红色果浆奶冻作为装饰。在这款甜点的创作过程中，我们注入了非常多的情感，最终得到了这样一款能够为大众带来幸福感，同时我们也十分满意的作品，可以说整个过程都非常令人愉悦和享受。"春分"是不会过时的蛋糕，就像我们推出的另一款名为"榛子"的甜点，它继承了岩状甜点的主要特点，并被改良成为口感轻盈、奶油感十足却非常酥脆的小点心。作为一家甜点店，即使店中的甜点设计前卫如"春分"一般，但在本质上我们始终希望提供给大众既美味又能够让人尽情交流、分享的甜品。不同于在高级餐厅中甜品师亲自打造的甜点，它是厨师个人技艺的展现，也是主厨个人品位和美食见解的表达。

厨师的甜点 甜点店中的甜点

这是两个截然不同的事物，甚至可以说是两个完全不同的领域。餐厅中，与主菜一样，精致的甜点总是在客人享用前的最后一刻摆盘送上，它作为整顿餐食的一部分，与厨师的思想和个人见解有着密不可分的联系。甜点的设计、制作都是为了在正餐结束后即刻享用，因此甜点师可以自由地选用任何质地的食材，营造繁复易碎的结构。

而甜点店中的甜点则必须经得住时间的考验。在凌晨三点就制作完成的蛋糕，静置晾凉后摆放在玻璃橱窗中，然后由顾客带回家，放入冰箱，再拿出享用，有时甚至是第二天才拿出来享用。这一系列时间上的考验对我们来说极为重要。例如朗姆巴巴这款甜点，需要三天的制作时间。我们会先制作蛋糕坯，然后浸泡，拿出沥干，再浸泡，这样做是为了让蛋糕坯质地更为均匀一致，既不太干，也不太湿。之后便摆放在橱窗中。品尝朗姆巴巴是一种真正的乐趣，人们可以随心所欲地享用它：直接品尝或是加入些许朗姆酒，无论哪种方式都非常美味！曾经有批评家评论我们的料理过于中庸、兼容并包，似乎旨在满足大部分食客的口味，但我们更倾向于将这样的评价看作是一种赞美，一种强大的力量。我制作糕点、烹饪料理的唯一目的就是为了让更多的人感到幸福和快乐，仅此而已。

贴近生活的乐趣

与那些跟随着每天午餐和晚餐用餐节奏开放的餐厅不同，甜点店全天营业。我很喜欢这种在一天中的每时每刻都能够与城市亲密接触的经营方式。清晨，一阵阵面包和维也纳甜面包的香气飘来，然后是第一个拿捏在指尖吃掉的蛋糕，当然还有玛德琳、曲奇饼干……午餐的人潮过后，就是下午茶的时间，此时自然少不了布列塔尼饼和小蛋糕……甜点店是城市生活中必不可少的重要部分，即使是在如巴黎一般的大城市也一样。无论在哪里，甜点店都是一个能够让社区中生活的人们相互相识、交流、欢聚的场所。在由KO工作室所构思的室内设计的店铺中，我希望这里能够萦绕着某种略带怀旧的气息，唤起人们儿时渴求的温情，这也是我们与美食两者之间关系的本质。无论是店员的态度、店铺的氛围，甚至是外包装，都是非常重要的一部分。我们的甜点店中那些让人眼前一亮的细节都与我们共同设计、创作出的甜点相协调和呼应。而所有的这一切都是为了能够让大家去品尝、分享和发现幸福。

堪比高定时装店的工作

当初如果没有我们彼此之间的相互信任，如今所有的一切都不可能实现。我经常借用那些知名的服装设计师的形象来解释我们的工作方式。由于每天都在不断地与人接触，因此我常常会突然迸发出一些灵感，似乎我能够感受到那些弥漫在时尚气息中的流行元素，比如：人们的渴望、饮食和消费的习惯、时下风行的主题和形象。然后我将所感受到的内容记录并传达在设计中，当然不是礼服裙，而是对菜肴和甜点的构思和设计。接着，我需要将它实现，同时需要面对博努瓦务实主义的审视和检验。他不断地尝试，让我的想法成为可能。而我的角色则是将他逼迫到极限，以确保他不会因为需要简化技术而削减任何实现创作的可能性。我甚至会经常把他惹恼。例如现在店里最受欢迎的覆盆子挞。当时考虑到选用新鲜的食材时，会存在口味平衡度上的差异，个别的水果可能根据生长和采摘条件的不同，在口味上会略微甜一些或酸一些。而这对我们来说则是一个非常大的约束和限制。在几个星期内我连续否决了他的所有方案，因为我相信他能够做得更好，而博努瓦也同样信任我的决定。他在认真地听取了我的建议后，最终完成了让我们两个人都非常自豪和骄傲的作品：我们将覆盆子倒置在白色的杏仁奶油上，并在果实内填入加工好的覆盆子酱，然后把所有的奶油覆盆子一起叠放在酥脆的甘纳许上。经过几周的努力，我们终于实现了最完美的平衡。

我喜欢这种与城市中的每一天的
每一个时刻亲近的店铺关系。

很多人在创作甜点时会画无比精细的设计图，做最严谨精确的计算。而我们，只是追随内心的情感而已。

最喜欢的食材

我们没有特别偏爱的食材。在经过无数的实践和练习后，我们已经对每一种食材都了然于心，因此不再需要划分等级或区别对待。当技术熟练到一定的程度时，会有一些抽象的、如数学般精确的元素出现在甜点的设计中。无论是巧克力、香草、柠檬、红色浆果……各种食材特性各异、富于挑战，激发着我们创作的激情。因此我们对每一种食材都报以同样的敬意。

每次的创作都可以说是从零开始，然后我们朝着共同的目标不断努力前进。每当这个时刻，甜点本身就变得鲜活起来，它不再是一个静态抽象的东西，而更像是一份独特的食谱，演绎着食物之间神奇的反应和变化。甜品的创过程取决于诸多与人、与生活、与为人们传递幸福有关的因素影响。作为一个幸福的人，我希望能够传达我全部的愉悦与快乐。

分享乐趣

在我的生命中有两个非常重要的时刻，它们塑造了作为男人以及作为厨师的我。首先是我跟随女性学习烹饪的经历，特别是尼可·法格葛提（Nicole Fagegaltier）。是她们教会了我慷慨的重要性，也向我传达了至高无上的自我奉献精神，这种奉献来自母性的博爱，来自敏感、细腻的料理烹饪。而这一切都并非是为了满足自我的虚荣心，而是满怀真情的爱的奉献。

我并不是为了技术而学习烹饪技巧，而是希望从这些女士们身上学习到怎样做出家的味道的料理，烹饪出为别人带来快乐和愉悦的美味佳肴。这样的价值观与我的童年经历相呼应，而如今也让我更加坚定了我的想法。另一个对我而言非常重要的人便是阿兰·帕萨尔（Alain Passard）。他犹如一位真正的"舞者"，拥有协调而轻盈的表达天赋，可以妙手生花。他引领我进入了一个敏锐和优雅的世界。他曾

说我有"一双厨师的妙手"，好一句恭维的话！但是我的确喜爱这双手带有的温柔，并且试着将这份温柔融入我的料理中。通过耐心地浇淋番茄，通过用三角支架烹饪鸡肉，避免火焰直接接触平底锅，使煎出的鸡肉更加细嫩。我相信食客们一定能够品尝得到这种温柔带来的特殊滋味。阿兰教会我的这种和谐与温柔一直指引着我的日常、我的每个选择和我做出的决定。对于甜点，我也抱着同样的目的：减少无用炫技而传递更多的情感和快乐。一块蛋糕，就像是一个温柔的爱抚或拥抱，是一种鼓励与安慰，让人们感到温暖美好。很多人在创作甜点时会画无比精细的设计图，做最严谨精确的计算。而我们，只是追随自己内心的情感而已。

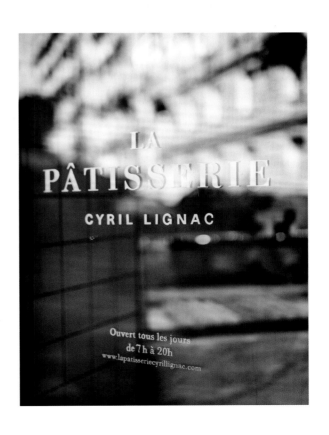

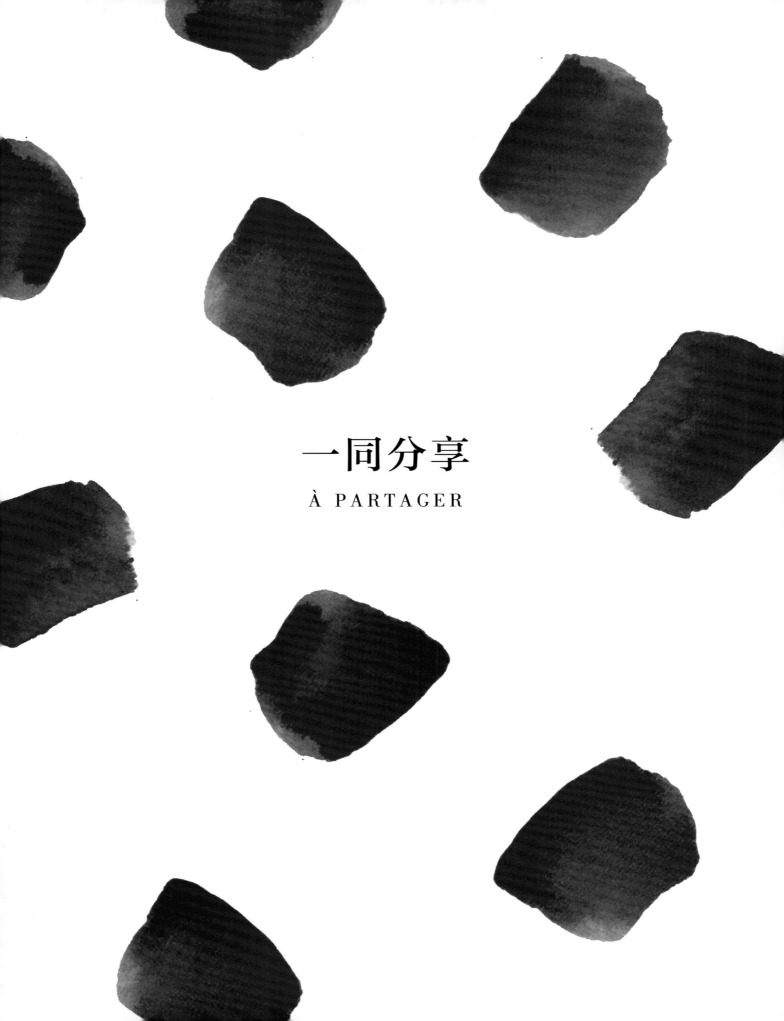

一同分享

À PARTAGER

一同分享

甜点，不言而喻：它是相聚的欢乐，

是如孩童般不停探索的好奇心，

是终于显现在眼前、

绽放在舌尖的美味……

水果挞、小点心、蛋糕、鸡蛋布丁、布列塔尼黄油酥饼、软心巧克力蛋糕……静静倾听甜酥挞皮在刀刃下碎裂的沙沙声，翻糖釉面碎成小块……迫不及待地用手指拿起一块……看着食客们脸上悄悄绽开的笑容……当我们与他人分享时，任何蛋糕都会变得更加美味。

布列塔尼沙布雷配
普卢加斯泰多拉草莓

6块

准备时间
烹饪前一天45分钟
烹饪当天1小时

烤制时间
15分钟

工具
直径7厘米的圆形不锈钢中空模具1个

布列塔尼沙布雷
（提前一天准备）
60克蛋黄（大约3个鸡蛋）
120克细砂糖
130克黄油
3克盐
180克T45面粉
9克泡打粉

柠檬奶油
75克细砂糖
112克黄油
75克鸡蛋全蛋
100克柠檬汁
1片明胶片
1个柠檬的皮屑

组装完成
500克野草莓
50克开心果粉

布列塔尼沙布雷

将面粉、泡打粉以及盐分别过筛。

在装有打蛋器的搅拌机的不锈钢桶中加入蛋黄、糖，搅打至变白的状态。

将搅拌机的打蛋器换成片状搅拌器。加入已在室温下静置回温的黄油，然后依次放入面粉、盐和泡打粉并混合均匀，不要过度搅拌面团。

将面团取出冷藏静置12小时。

柠檬奶油

将明胶片在冷水中浸泡20分钟后沥干水。

将全蛋、糖、柠檬皮屑及柠檬汁加入平底锅中，混合加热至85摄氏度。

关火，加入沥干水的明胶片并混合均匀。

静置冷却至60摄氏度。

加入预先切成小方块的冷藏黄油，并将所有食材混合搅拌3分钟后冷藏12小时。

组装完成

将沙布雷面团铺开擀平至6毫米左右的厚度。

然后将面皮铺在铺好烘焙纸的烤盘中。

烤箱预热至170摄氏度，放入沙布雷面皮烘焙15分钟。

烤制8分钟时取出沙布雷，用模具切成直径7厘米的圆形。

完成剩余时间的烘焙，出炉后静置冷却。

使用蛋糕裱花袋挤出柠檬奶油圆顶。

将野草莓一个个依次摆放。

最后撒上开心果粉。

制作完成。

主厨建议

可以在沙布雷中加入一些其他风味，比如茶或是开心果。在沙布雷烘焙至最后1/4左右时间时，不要犹豫，将它从烤箱中取出，轻轻按压使边缘垂直平整。

在下2层野草莓上再错落地摆放一些野草莓。

苹果和杏塔丁挞

6人份

准备时间
烹饪前一天3小时
烹饪当天1小时

烤制时间
29分钟

工具
直径分别为19厘米、16厘米、6.5厘米的
不锈钢圆环模具各1个
Rhodoïd®牌透明塑料围边

甜酥面团
87克无盐黄油
22克杏仁粉
60克糖粉
1撮盐
145克T55面粉
35克鸡蛋（约½个全蛋）

酥脆饼底
186克甜酥面团
186克千层酥皮碎屑
1克盐之花
174克60%焦糖榛子酱
52克可可脂

奶酥
（提前一天准备）
100克无盐黄油
100克粗粒红糖
100克杏仁粉
100克面粉
1克盐之花

苹果杏糊
（提前一天准备）
960克苹果
240克杏
75克无盐黄油

甜酥面团

在装有搅拌桨的搅拌机的不锈钢桶中，让黄油软化。等待的同时，将杏仁粉、糖粉和盐在圆底盆中混合，然后一起加入黄油中。

待混合均匀后，加入⅓的鸡蛋和⅓的面粉。搅拌1分钟左右。之后重复依次加入剩下的⅔的鸡蛋和面粉，搅拌并混合。然后将面团覆上保鲜膜，并放入冰箱静置1晚。

烤箱预热至160摄氏度。在铺好烘焙纸的烤盘上，将面团均匀铺开约2厘米厚。放入烤箱烤制16分钟。

酥脆饼底

将烤制完成的甜酥挞底切碎，加入千层酥皮碎屑、盐之花、焦糖榛子酱、融化的可可脂并混合均匀。然后取1个直径19厘米的不锈钢圆环模具，将刚刚混合完成的食材倒入模具中均匀铺展开。放入冰箱冷藏。

奶酥

将烤箱预热至160摄氏度。将除黄油外的其他原料在搅拌机中均匀混合。待搅拌均匀后加入切成小方块的冷黄油，继续搅拌直至所有食材混合并成为砂状颗粒。

在铺好烘焙纸的烤盘上，将颗粒状的奶酥聚成小块的岩石状，然后放入烤箱烤制13分钟。

苹果杏糊

将明胶片在冷水中浸泡20分钟。苹果去皮并切成1.5厘米见方的小块，将杏切成8小块。

在平底锅中，将黄油、百花蜜、1根香草荚中的香草籽以及⅓的盐之花一同融化。待黄油融化后加入准备好的苹果块，加热，直至苹果块轻微变软、颜色变为半透明。此时加入切成块的杏，再继续熬煮5分钟。

再取另一只平底锅，熬煮细砂糖至变为琥珀色的焦糖。在焦糖中倒入热奶油，然后加入第二根香草荚中的香草籽，以及剩下的盐之花。将之前准备好的黄油蜂蜜水果倒入其中混合。最后加入沥干水的明胶片拌匀。

120克百花蜜
2根香草荚
5克盐之花
250克细砂糖
126克鲜奶油
7片明胶片

香草甘纳许
（提前一天准备）
135克鲜奶油
½根香草荚
1片明胶片
35克白巧克力

组装
中性镜面果胶
白雪（糖霜）装饰
新鲜杏

在直径16厘米的不锈钢圆形模具中，倒入500克上个步骤中制得的水果糊，并在中心用圆环镂空出一个6.5厘米直径的圆形孔洞。铺上透明塑料围边，放入冰箱冷藏1晚。

香草甘纳许
将明胶片在冷水中浸泡20分钟至泡软。
在平底锅内将一半的鲜奶油和剖开并刮出香草籽的香草荚一同加热煮沸，离火后盖上盖子，让香草荚浸泡5分钟。将泡软的明胶片用手挤干水，加入鲜奶油中拌匀。分三次将热奶油浇在白巧克力上，搅拌使其乳化均匀。最后再加入剩余的冷藏鲜奶油拌匀。放入冰箱中冷藏。

组装
预先准备好温度为45摄氏度左右的镜面果胶，浇在已经冷冻成形的水果糊上，将浇了镜面果胶的水果挞放在酥皮饼底的中心。在奶酥上轻轻撒上少许白雪（糖霜）装饰，然后将奶酥在挞的边缘均匀摆放一圈。
将打发成奶油状的香草甘纳许填满挞心，然后用裱花袋装入打发的香草甘纳许，挤出小巧的圆形作为顶端装饰。最后在挞顶上点缀适量的杏和奶酥。
制作完成。

　　苹果挞的形象是如此深刻地根植在
人们的想象中，因此能够重新演绎这样
的传统经典，也是一种幸福。

巧克力碎块梨挞

6人份

准备时间
烹饪前一天30分钟
烹饪当天1小时

烤制时间
40分钟

工具
边长18厘米、高2厘米的不锈钢方形模具
1个

甜酥挞皮面团
（提前一天准备）
175克无盐黄油
45克杏仁粉
120克糖粉
1撮盐
290克T55面粉
70克鸡蛋（约1个较大鸡蛋）

巧克力碎杏仁奶油
90克杏仁粉
8克奶油粉
70克糖粉
8克朗姆酒
70克黄油
50克鸡蛋（约1个鸡蛋）
120克巧克力珍珠球

组装
8个新鲜的梨
100克巧克力珍珠球
糖粉

甜酥挞皮面团

在装有搅拌桨的搅拌机的不锈钢桶中让黄油软化。

在等待的时候将杏仁粉、糖粉、盐在圆底盆中混合。将上述食材一同加入黄油中。

待搅拌均匀后，加入⅓的鸡蛋以及⅓的面粉，混合搅拌约1分钟。然后重复上述步骤，依次加入剩下⅔的鸡蛋和面粉。混合均匀后放入冰箱冷藏。

巧克力碎杏仁奶油

将鸡蛋提前30分钟从冰箱拿出，回温至室温。
用搅拌机混合预先切成小块的黄油。
按照顺序依次加入糖粉、奶油粉以及杏仁粉。
然后加入鸡蛋。
当上述食材被充分混合后，加入朗姆酒。
最后加入巧克力珍珠球。

组装

烤箱预热175摄氏度。
将甜酥面团在方形不锈钢模具底部铺展开，大约3毫米厚。
借助裱花袋，将杏仁奶油涂抹开。
梨去皮，一分为二，去核，然后切成小方块。
迅速将切好的梨块撒在杏仁奶油上，放入烤箱烘烤40分钟。
出炉后静置晾凉。
撒上糖粉，并用巧克力珍珠球做装饰。
制作完成。

焦糖梨法式吐司

6人份

准备时间
烹饪前一天2小时
烹饪当天30分钟

烤制时间
1小时45分钟

布里欧修面团
（提前一天准备）
280克T45面粉
30克细砂糖
6克细盐
12克面包酵母
186克鸡蛋（即3个中等大小的鸡蛋）
225克无盐黄油

杏仁奶油
（提前一天准备）
70克无盐黄油
70克糖粉
8克奶油粉
90克杏仁粉
8克朗姆酒
50克室温鸡蛋（即1个中等大小鸡蛋）

布里欧修面团

在装有搅拌钩的搅拌机的不锈钢桶中，用第一挡（低速）速度混合拌匀面粉、细砂糖、盐以及面包酵母。

待上述食材混合均匀后，一点点地分次加入鸡蛋，搅拌，直到面团均匀混合。然后改为二挡速度搅拌面团，直到面团完全脱离盆壁为止。

加入切成小块的黄油，同时改为一挡速度搅拌，直到所有食材均匀混合。再一次改为二挡速度搅拌，直到面团完全脱离盆壁。

在室温下静置1小时，然后将面团一分为二，将分好的两个面团放入冰箱冷藏静置1晚。

烹饪当天，在罐头罐内或是直径10厘米、15厘米高的不锈钢圆筒内部放入高度为20厘米的烘焙纸。放入两个准备好的面团。预热烤箱至30摄氏度，然后关闭烤箱等待5分钟。将面团放入烤箱等待45分钟。从烤箱中将布里欧修取出，然后将温度升高至165摄氏度。再次放入烤箱烘烤40分钟。出炉后静置晾凉。

杏仁奶油

将鸡蛋提前30分钟从冰箱拿出，让其温度达到室温。

用搅拌机混合预先切成小块的黄油。然后按照顺序依次加入糖粉、奶油粉以及杏仁粉。

然后一点点地分次加入鸡蛋。

待上述食材混合均匀后，加入朗姆酒。放入冰箱冷藏一晚。

焦糖冰激凌
（提前一天准备）
245克细砂糖
125克鲜奶油
20克半盐黄油
500克牛奶
95克蛋黄（约5个鸡蛋）

浸泡混合料
250克牛奶
75克细砂糖
150克鸡蛋（约3个中等大小的鸡蛋）

组装
4个世纪梨（poires comices）
200克榛子

焦糖冰激凌

首先制作焦糖：在平底锅中直接加热175克细砂糖至颜色变为焦糖色。
然后倒入75克预先加热好的鲜奶油，将焦糖稀释，接着加入半盐黄油。
然后加入牛奶以及剩余的冷藏鲜奶油（50克）。
将蛋黄与剩余的糖（70克）一起搅打，然后将其倒入上一步完成的牛奶奶油混合物中。熬煮至温度达到85摄氏度。
倒出混合物并搅拌均匀。待其冷却后，倒入冰激凌机中，制作冰激凌。
制作完成后取出，在冰柜中冷冻储存备用。

制作浸泡混合料

将250克牛奶 、75克细砂糖、150克鸡蛋混合后放入冰箱中冷藏。

组装

预热烤箱至180摄氏度。
用锯齿面包刀切下两片厚度约为2厘米的布里欧修面包，在制作好的浸泡混合料中充分浸泡后取出，沥干多余液体。
用刮刀在面包表面均匀涂抹开一层薄薄的杏仁奶油。
将梨去皮并切成小方块，撒在杏仁奶油上，并撒上一些半粒榛子。
放入烤箱烤制20分钟。静置冷却。
在仍然温热的时候放上1颗水滴状焦糖冰激凌球享用。
制作完成。

软心牛轧糖鲁西永黄杏挞

6人份

准备时间
45分钟

烤制时间：
50分钟

工具
直径22厘米、高2厘米的圆形不锈钢中空模具1个
直径9厘米的圆形压模模具1个

甜酥挞皮面团
175克室温下的无盐黄油
45克杏仁粉
290克T55面粉
120克糖粉
1撮盐
70克鸡蛋（约1个大鸡蛋）

黄杏杏仁奶油
70克杏仁粉
55克无盐黄油
55克糖粉
40克室温鸡蛋（约1个小鸡蛋）
8克朗姆酒
40克去核的半瓣黄杏
10克杏泥
1汤勺细砂糖
1咖啡勺柠檬汁

软心牛轧糖甘纳许
320克乳脂含量为35%的鲜奶油
60克牛轧糖
3片明胶片
60克白巧克力

甜酥挞皮面团

在装有搅拌桨的搅拌机的不锈钢桶中让黄油软化。

在等待的时候，将杏仁粉、面粉、糖粉、盐在圆底盆中混合。将上述食材一同加入黄油中。待搅拌均匀后，一点点分次加入鸡蛋。均匀细致地搅拌并混合。

黄杏杏仁奶油

从制作杏仁奶油开始。在搅拌桶中放入黄油，使黄油软化成膏状。加入糖粉，然后加入杏仁粉。接着逐个依次加入室温下的鸡蛋。最后加入朗姆酒，放置在阴凉处。

接下来准备一份糖煮黄杏。将黄杏切成方块，并与杏泥、细砂糖一起放入平底锅中加热，混合搅拌。待煮沸后，倒入柠檬汁。放在阴凉处。

在搅拌机中混合刚刚准备好的杏仁奶油和糖煮黄杏，直至得到完全混合均匀的黄杏杏仁奶油。

软心牛轧糖甘纳许

在平底锅中放入一半的鲜奶油和牛轧糖熬煮。

将明胶片在冷水中浸泡20分钟。用手将明胶片中的水挤干后放入平底锅中拌匀。

将平底锅中将混合了明胶片、鲜奶油、牛轧糖的液体混合物趁热分三次浇在白巧克力上。搅拌并混合直至充分乳化。接着加入剩下的冷奶油，混合均匀。放置在阴凉处备用。

黄杏镜面淋面
250克杏泥
60克细砂糖
3片明胶片

组装
400克整颗鲜杏
黄油（用于涂抹在模具内）

黄杏镜面淋面

将明胶片放入冷水中浸泡20分钟。

在平底锅中加热杏泥，加入细砂糖一起搅拌熬煮。

关火后加入沥干水的明胶片，均匀混合，然后放入冰箱冷藏。

组装

将甜酥挞皮面团铺展开，裁切成直径26厘米的圆形以及一个2厘米宽的长条形挞边。

将挞皮嵌入已经预先涂好黄油的直径22厘米的圆形模具底部。然后在挞皮中心用直径9厘米的模具镂空出一个圆形的孔洞，处理好模具与挞皮的边缘，防止粘连。取走中心被切下的面团，重新放好模具，并将2厘米宽的长条挞边放置在模具外围。放入冰箱冷藏30分钟。

在挞底铺开涂抹黄杏杏仁奶油。预热烤箱至175摄氏度。

将鲜杏切成4块，然后放置在黄杏杏仁奶油上。放入烤箱烤制50分钟。

静置冷却，然后可以借助一只刷子仔细地在挞上层的杏上涂抹一层黄杏镜面淋面。

用装有打蛋器的搅拌机打发软心牛轧糖甘纳许。用一个装有裱花嘴的裱花袋，填入甘纳许后，在挞中心挤出形状美丽的圆形牛轧糖甘纳许小球，作为装饰。制作完成。

主厨建议

如果喜欢的话，也可以使用不煮熟的新鲜生杏制作此挞。只需要先将涂抹好杏仁奶油的挞底放入烤箱烤制，烤制完成后将切成四分之一大小的新鲜杏块摆放在杏仁奶油上。您也可以再撒上一些杏仁片。

牛轧糖甘纳许也可以被替换成杏仁奶油或者香草奶油。

黄杏与牛轧糖的味道搭配得恰到好处。
这样说来，它们来自同一个地区这件事情
似乎并不是巧合！

巧克力香草大理石纹蛋糕

6人份

准备时间
30分钟

烤制时间：
50分钟

原味蛋糕面糊
30克无盐黄油
1根香草荚
100克蛋黄（约5个鸡蛋）
130克细砂糖
70克鲜奶油
100克T55面粉
2克泡打粉

巧克力蛋糕面糊
30克无盐黄油
80克蛋黄（约4个鸡蛋）
110克细砂糖
20克可可粉
2克泡打粉
90克T55面粉
60克鲜奶油

杏仁牛奶涂层
50克杏仁碎
225克牛奶巧克力
50克葵花籽油

焦糖榛子脆薄片
50克牛奶巧克力
10克无盐黄油
90克焦糖榛果酱
50克焦糖薄脆片

组装
面粉
无盐黄油
镜面涂层

原味蛋糕面糊

将黄油融化。

在搅拌机的不锈钢桶中加入回温至室温的蛋黄、细砂糖，一同混合搅拌。然后加入鲜奶油、泡打粉与过筛后的面粉。将上述食材用打蛋器细致充分地混合均匀。

最后加入融化的黄油。静置备用。

巧克力蛋糕面糊

在搅拌机的不锈钢桶中加入回温至室温的蛋黄、细砂糖、可可粉，一同混合搅拌。将香草荚剖开刮籽，将香草籽加入其中。然后加入鲜奶油、泡打粉与过筛后的面粉。将上述食材用打蛋器细致充分地混合均匀。

最后加入融化的黄油。放置备用。

杏仁牛奶涂层

烤箱预热至210摄氏度。在烤盘中铺好烘焙纸，将杏仁碎均匀铺开在烤盘上，焙烤大约5分钟，至杏仁碎上色。在容器中隔水加热，溶化巧克力至45摄氏度。然后加入葵花籽油以及焙烤杏仁碎。在室温下放置备用。

焦糖榛子脆薄片

分别将巧克力和黄油融化。将融化的巧克力与焦糖榛果酱和焦糖薄脆片混合。然后加入融化的黄油。

将上述混合好的食材平铺在铺好烘焙纸的烤盘上，烤好后裁切成适合蛋糕模具大小的矩形。放入冰箱备用。

组装

烤箱预热至165摄氏度。

在模具内壁涂好黄油并覆盖上薄薄一层面粉。在模具中倒入一半原味蛋糕面糊，接着倒入巧克力蛋糕面糊，最后在上层再覆盖一层原味蛋糕面糊，填满模具。

将不锈钢刮刀插入面糊中，由上至下戳动面糊来制造出大理石的花纹。

将面糊放入烤箱烤制45分钟。

出炉后静置冷却。然后将蛋糕脱模，并摆放在准备好的长方形焦糖榛子脆薄片上。将蛋糕摆放在网架上，将杏仁牛奶涂层重新加热，然后给蛋糕涂上一层镜面涂层。制作完成。

这是我儿时记忆中的蛋糕，带有覆盖着杏仁脆片的牛奶巧克力涂层，是生日般的幸福滋味。

1. 在模具底部倒入原味蛋糕面糊。

2. 加入巧克力蛋糕面糊。

3. 在顶部重新覆盖一层原味蛋糕面糊。

4. 用一把不锈钢刮刀在蛋糕中划出大理石纹路。

波旁香草布丁挞

10人份

准备时间
烹饪前一天3小时
烹饪当天1小时

烤制时间
1小时30分钟

工具
直径28厘米、高4厘米的圆形不锈钢中空
模具1个

千层派皮
（提前一天准备）
440克T45面粉
8克细盐
220克水
330克无盐黄油

布丁芙朗
1.54千克全脂鲜牛奶
1根波旁香草荚
230克细砂糖
110克奶油粉

组装
面粉
无盐黄油

千层派皮
在装有搅拌钩的搅拌机的不锈钢桶中，混合面粉和盐。
在揉面的同时一点点地分次加入清水。
将揉好的面团取出，擀成方形后放入冰箱冷藏1小时。
将黄油置于面团中央。
向中间折起两边面皮，叠放在黄油上。将面团擀压平整，如此完成第一
轮制作。重复同样的过程三次，每次操作之间都要将面皮放入冰箱冷藏
1小时。做好的派皮在冰箱或阴凉处中静置备用。

布丁芙朗
制作前一天，将香草荚剖开分为两半，刮下香草籽。在平底锅中加热牛
奶至微微沸腾。将香草浸入热牛奶中，然后放入冰箱中冷藏1晚。
制作当天，将细砂糖与奶油粉混合。把牛奶一点点地倒入混合的砂糖奶
油粉中，全部搅拌并混合均匀。
将所有食材倒入平底锅中，加热煮沸，持续沸腾3分钟。
离火，搅拌均匀。放置备用。

组装
预热烤箱至175摄氏度。
在工作台上撒上一层面粉，将派皮擀平延展至约2厘米的厚度。
将派皮嵌入提前涂好黄油的直径28厘米、高4厘米的模具中。倒入温热
的布丁芙朗。放入烤箱中烤制1小时30分钟。
烤制完成后，取出布丁芙朗，在切开品尝之前先待其完全冷却。
制作完成。

巧克力虎斑蛋糕

6人份

准备时间
45分钟

烤制时间
15分钟

巧克力费南雪面糊
80克无盐黄油
50克杏仁粉
145克糖霜
55克T45面粉
2克泡打粉
1.5克细盐
150克蛋清（约5个鸡蛋）
125克巧克力豆

巧克力甘纳许
100克鲜奶油
100克黑巧克力（66%）

组装
100克脆心巧克力珍珠球
黄油

巧克力费南雪面糊

取一只平底锅，在锅中将黄油融化并加热至变为褐色（称为褐色黄油，也称作榛子黄油）。将黄油倒出并静置晾凉。

在装有搅拌桨的搅拌机的不锈钢桶中混合杏仁粉、糖霜、面粉、泡打粉及细盐。一点点分次倒入常温的蛋清，然后加入冷却的黄油。最后放入巧克力豆。

巧克力甘纳许

在平底锅内将鲜奶油煮至沸腾。

将热奶油分几次倒入已提前切碎的巧克力中。

仔细混合搅拌甘纳许，直至其顺滑亮泽、质地均匀。在常温下放置备用。

组装

预热烤箱至175摄氏度。

在6个提前涂好黄油的咕咕霍夫圆蛋糕模具中倒入60克巧克力费南雪面糊。放入烤箱烤制15分钟。在给蛋糕脱模前静置，使其轻微冷却。将制得的虎斑蛋糕放在托盘上，然后在冰箱中冷藏静置几分钟。在等待的同时，加热甘纳许，使其变为柔滑的膏状。

待虎斑蛋糕完全冷却后，在蛋糕的中心放上几颗脆心巧克力珍珠球，然后小心地倒入热甘纳许。

制作完成。

无麸质巧克力熔岩蛋糕

6个1人份蛋糕

准备时间
25分钟

烤制时间
10分钟

熔岩巧克力面糊
250克黑巧克力（66%）
200克无盐黄油（另取一些黄油用于涂抹模具）
320克常温鸡蛋（约5个鸡蛋）
20克细砂糖
120克糖粉
90克大米粉

熔岩巧克力面糊
将黄油和黑巧克力以50摄氏度用水浴法隔水融化。
将鸡蛋、细砂糖和糖粉一同搅打。
加入融化的巧克力和黄油。
加入过筛后的大米粉，用打蛋器搅拌并混合均匀。

烤制
预热烤箱至170摄氏度。
将面糊倒入已经涂抹黄油的模具中，放入烤箱中烤制10分钟。
制作完成。

榛果

6个1人份蛋糕

准备时间
烹饪前一天2小时
烹饪当天35分钟

烤制时间
37分钟

工具
20厘米×12厘米的矩形不锈钢中空模具1个

榛子酥饼
（提前一天准备）
50克无盐黄油
50克榛子粉
50克糖粉
50克T55面粉

乔孔达比斯基
（提前一天准备）
80克杏仁粉
80克糖粉
95克鸡蛋（约2个小鸡蛋）
90克蛋清（3个中等大小的鸡蛋的蛋清）
15克细砂糖
15克无盐黄油
20克T45面粉

吉安杜佳巧克力慕斯
（提前一天准备）
70克鲜奶（全脂鲜牛奶为佳）
½根香草荚
25克蛋黄（约1个较大鸡蛋）
20克细冰糖
1片明胶片
90克吉安杜佳（gianduja）牛奶榛果巧克力
90克鲜奶油

榛子酥饼

烤箱预热至165摄氏度。

在装有搅拌桨的搅拌机的不锈钢桶中搅拌黄油，直到其成为足够黏稠、搅拌费力的膏状。在等待的同时，将榛子粉与糖粉混合，并倒入膏状黄油中。待上述食材全部混合均匀，一点点地分次加入面粉。

将面团铺展擀成大约3毫米厚度的面皮，用模具裁切出20厘米×12厘米的长方形。将裁切下的面皮放在铺好烘焙纸的烤盘中，放入烤箱烤制25分钟。取出静置晾凉备用。

乔孔达比斯基

将杏仁粉与糖粉混合，然后倒入装有打蛋器的搅拌机的不锈钢桶中。一点点地分次加入鸡蛋，将桶中的混合物打发，直至其体积膨胀为原来的3倍。将混合物倒出，洗净不锈钢桶。

打发蛋清至白色泡沫状，加入细砂糖。将黄油融化。用刮刀辅助将融化的黄油小心翼翼地倒入杏仁粉混合物中，然后加入面粉。最后加入打发的蛋白。

预热烤箱至210摄氏度。将面糊轻柔、细致地倒在铺好烘焙纸的烤盘上，并涂抹开。放入烤箱烤制7分钟，静置冷却。

吉安杜佳巧克力慕斯

从制作英式奶油开始。将明胶片在冷水中浸泡20分钟。

在一口平底锅内，将牛奶和半根已用刀剖开并刮出香草籽的香草荚煮沸。关火，盖上锅盖，浸泡几分钟后再次加热至沸腾。

在圆底盆中混合细冰糖与蛋黄，一起搅打。将牛奶中的香草荚取出，并将牛奶倒入搅打好的混合物中。将混合物重新倒回平底锅中，用小火加热至温度达到82摄氏度且奶油变得浓稠。离火，将明胶片用手挤干水后加入奶油中，静置备用。

将吉安杜佳巧克力切成小块，分三次将热奶油倒入巧克力碎块中。将上述食材搅拌并混合，然后静置晾凉。用打蛋器打发冷藏的鲜奶油并轻柔地加入刚才制作完成的混合物中。放于凉爽处备用。

吉安杜佳甘纳许
（提前一天准备）
260克鲜奶油
110克吉安杜佳榛子牛奶巧克力（66%）
10克葡萄糖
2片明胶片

牛奶榛子涂层
40克杏仁碎
210克牛奶巧克力
45克葵花籽油

组装
装饰用金箔

吉安杜佳甘纳许

将明胶片在冷水中浸泡20分钟。

在平底锅内倒入70克奶油并加入葡萄糖，一起加热至沸腾。

离火，在鲜奶油中加入已用手挤干水的明胶片。再将热奶油分多次倒入已经融化好的巧克力中，搅拌使其充分乳化混合。最后加入剩下的冷奶油（190克），在冰箱中冷藏保存12小时。

牛奶榛子涂层

预热烤箱至210摄氏度。

在铺好烘焙纸的烤盘上将杏仁碎均匀铺开，放入烤箱中焙烤大约5分钟，直至杏仁上色。在平底锅中用45摄氏度的水隔水加热巧克力，使其融化。然后加入葵花籽油以及焙烤杏仁碎。拌匀后在室温下放置备用。

组装

烘焙前一天，在20厘米×12厘米的中空模具中放入榛子酥饼。倒入一些吉安杜佳巧克力慕斯。然后加入已裁切好的长方形乔孔达比斯基，再倒入一层吉安杜佳巧克力慕斯。放入冷冻柜中备用。

待蛋糕冻结后，裁切成6个12厘米×3厘米的长方形。再次放入冷冻室中冷冻1晚。

烹饪当天，在平底锅中以小火加热牛奶榛子涂层。将蛋糕放置在网架上，并用刮刀给蛋糕涂上涂层。室温静置使其结晶。

在圆底盆中，用打蛋器打发吉安杜佳甘纳许。在每块小蛋糕上用切成斜面的裱花袋挤上蛇形的吉安杜佳甘纳许。

最后以金箔装饰。

我们希望这款甜点能够带给大家脆硬的
岩状蛋糕的口感：吉安杜佳软心，榛子的
酥脆……

蓝莓黑加仑挞

6个1人份蛋糕

准备时间
烹饪前一天1小时30分钟
烹饪当天1小时

烤制时间
15分钟

工具
6个直径7厘米的圆形挞模具1个

甜酥挞皮面团
（提前一天准备）
175克无盐黄油
45克杏仁粉
120克糖粉
1撮盐
290克T55面粉
70克鸡蛋（约1个大鸡蛋）

杏仁奶油
（提前一天准备）
70克无盐黄油
70克糖粉
8克奶油粉
90克杏仁粉
50克室温鸡蛋（约1个鸡蛋）
8克朗姆酒

黑加仑果酱
（提前一天准备）
265克黑加仑果泥
20克葡萄糖
30克细砂糖
4克NH果胶

甜酥挞皮面团

在装有搅拌桨的搅拌机的不锈钢桶中使黄油软化。在等待过程中，将杏仁粉、糖粉与盐在圆底盆中混合。然后将混合完成的杏仁粉混合物倒入黄油中。

待搅拌桶中的食材完全混合均匀后，加入⅓的鸡蛋和⅓的面粉，搅拌并混合1分钟。然后重复上述步骤，依次加入剩下的⅔的鸡蛋和面粉。混合均匀后放入冰箱冷藏备用。

杏仁奶油

开始制作前，提前30分钟从冰箱中取出鸡蛋，使其温度达到室温。

用搅拌机将提前切成小块的黄油混合搅拌，并按照顺序加入以下食材：糖粉、奶油粉、杏仁粉。最后分次加入鸡蛋，将上述食材搅拌并混合均匀。待混合完成后，加入朗姆酒。在阴凉处静置备用。

黑加仑果酱

在平底锅中加热黑加仑果泥与葡萄糖。另取一个容器，将细砂糖和NH果胶混合，然后全部倒入果泥中。重新加热至沸腾。将果酱倒出，静置。待冷却后放入冰箱冷藏1晚。

1 | 2

黑加仑马斯卡彭奶油
140克马斯卡彭奶酪
280克鲜奶油
75克细砂糖
50克黑加仑果泥

尚蒂伊奶油
200克鲜奶油
10克糖粉

组装
新鲜蓝莓
装饰用银箔

黑加仑马斯卡彭奶油
在装有打蛋器的搅拌机的不锈钢桶中将除鲜奶油外的所有食材混合搅拌。
然后用搅拌器将鲜奶油轻微打发。放在阴凉处备用。

尚蒂伊奶油
用打蛋器将鲜奶油打发，然后加入糖粉。放在阴凉处备用。

组装
将甜酥挞皮面团铺展擀开，用模具裁切成直径11厘米的圆形面团。将面团嵌入直径7厘米的圆形挞模中。预热烤箱至175摄氏度。将杏仁奶油挤入挞底并嵌进几颗新鲜蓝莓。放入烤箱中烤制15分钟，静置冷却。
接着用裱花袋在挞底挤入黑加仑果酱，与挞面齐平。然后借助装有裱花嘴的裱花袋沿着挞的边缘制作几个黑加仑马斯卡彭奶油小球。
另取一个裱花袋，放入尚蒂伊奶油，在挞中心挤一个大奶油球。最后点缀上一颗新鲜的蓝莓以及银箔。
制作完成。

1和2. 将尚蒂伊奶油用裱花袋挤在挞的中心。

3. 摆放上新鲜的蓝莓。

4和5. 用银箔装饰。

3

4
—
5

开心果樱桃蛋奶布丁

6人份

准备时间
45分钟

烤制时间
35分钟

工具
直径16厘米的Flexipan®牌模具1个

蛋奶布丁面糊
115克鸡蛋（约2个鸡蛋）
55克开心果粉
105克粗粒红糖
40克T55面粉
5克橙子皮屑
110克牛奶
170克高脂浓奶油
1根香草荚（剖开取籽）

淡奶油
95克马斯卡彭奶酪
185克鲜奶油
50克细砂糖
1根香草荚

组装
600克新鲜樱桃
300克开心果粉

蛋奶布丁面糊

将烤箱预热至175摄氏度。

在装有搅拌桨的搅拌机的不锈钢桶中首先放入开心果粉，再加入粗粒红糖、面粉、橙子皮屑、香草籽并混合均匀。

另取一个容器将鸡蛋、牛奶与高脂浓奶油混合。

然后将混合完成的鸡蛋、牛奶和高脂浓奶油一点点地分次倒入装有开心果粉等混合物的不锈钢搅拌桶中，不要过分混合搅拌。

将混合物立刻倒入模具中，放入烤箱烤制35分钟。

烤制结束后，将蛋奶布丁取出，静置晾凉后脱模。

淡奶油

将马斯卡彭奶酪与奶油一起慢慢打散。

加入糖和已经剖开并刮出香草籽的香草荚。

将所有食材混合后于阴凉处静置备用。

组装

用一把刮刀，在整个蛋奶布丁上涂抹薄薄的一层淡奶油。

然后将整个布丁裹上开心果粉。

用裱花袋在布丁上挤少量的淡奶油，用于固定放在蛋奶布丁上的樱桃。

把樱桃一分为二并去核。

将樱桃精致地摆放在奶油上。

制作完成。

主厨建议

您也可以在蛋奶布丁面糊中加入一些杏仁牛奶。

樱桃可以用覆盆子来替换。

在樱桃品种方面，建议选用布尔拉甜樱桃，果肉更加柔软且多汁。

绿茴香覆盆子圣奥诺雷蛋糕

6个1人份蛋糕

准备时间
烹饪前一天3小时
烹饪当天1小时

烤制时间
40分钟

千层派皮
（提前一天准备）
440克T45面粉
8克盐
220克水
330克无盐黄油

泡芙面团
190克鲜牛奶（全脂鲜牛奶为佳）
75克无盐黄油
3克细砂糖
2.5克细盐
90克T55面粉
140克鸡蛋（约3个鸡蛋）

绿茴香覆盆子果酱
350克覆盆子果泥
70克细砂糖
30克葡萄糖
5克NH果胶
40克青柠檬汁
2克绿茴香粉

千层派皮
（提前一天准备）
在装有搅拌钩的搅拌机的不锈钢桶中混合面粉和盐。
一边揉面一边分几次加入清水。
将揉好的面团擀成方形，然后放入冰箱冷藏1小时。
将黄油放在正方形面皮的中央，提起面皮的两边向内折叠，使面皮覆盖在黄油上。然后擀平面团，完成派皮的第一轮制作。重复上述制作方法三次，每一轮制作完成后需要将面皮放入冰箱冷藏静置1小时。制作完成后放入冰箱或阴凉处备用。

泡芙面团
在平底锅中将牛奶同细砂糖、盐以及切成小块的黄油一起加热熬煮。待煮沸后，离火并向锅中加入过筛后的面粉。待面糊混合均匀，重新将平底锅放回火上用小火加热。持续搅拌面糊3分钟，使其变得略微干燥。此时面糊不会粘连在刮刀上，并且形成一个可以轻易脱离锅壁的圆球。
待面糊干燥完成后，将其取出放于圆底盆中，一点点地分次加入鸡蛋并搅拌，直到面糊均匀顺滑。给面糊覆上一层保鲜膜，以防止水分挥发，在室温下静置备用。

绿茴香覆盆子果酱
在平底锅中放入覆盆子果泥、50克细砂糖和葡萄糖，一起加热熬煮。
与此同时，将剩余的20克细砂糖与NH果胶均匀混合。
当平底锅中正在熬煮的果泥温度达到60摄氏度时，加入混合后的NH果胶和细砂糖，继续熬煮，直至沸腾后关火，加入青柠汁和绿茴香粉。放在冰箱或阴凉处保存备用。

1和2.将泡芙浸入糖浆中。

3.将泡芙上多余的糖浆完全沥干，从而覆上一层薄而透明的焦糖。

4.在泡芙的顶端点缀一些金箔。

糖浆
260克细砂糖
120克水
65克葡萄糖
红色着色剂

尚蒂伊奶油
300克全脂鲜奶油
15克糖粉

组合成形
装饰用金箔

糖浆

将水和细砂糖在平底锅中加热至沸腾。待沸腾后加入葡萄糖，继续加温熬煮至温度达到120摄氏度。滴入几滴着色剂，然后继续熬煮，使温度达到155摄氏度。关火。在将小泡芙浸入糖浆前，使糖浆离火静置3分钟。

尚蒂伊奶油

使用打蛋器将冷的鲜奶油打发。接着加入糖粉持续搅打。放入冰箱或阴凉处保存备用。

组合成形

预热烤箱至165摄氏度。将千层派皮展开擀平至厚度达到1.5毫米。翻转面皮，并用餐叉或其他工具戳出小孔。将派皮放在已经铺好湿润的烘焙纸的烤盘上。

裁切出6个直径7厘米的圆形派皮。向裱花袋中填入泡芙面团，在派皮的外缘挤出一圈长圆形的面糊。

用剩余的泡芙面团挤出6个直径2厘米的小泡芙面团。将所有的面团放入烤箱烤制40分钟。取出后静置冷却备用。

用一个裱花袋在千层派皮上的圆环泡芙顶中挤入一部分的绿茴香覆盆子果酱。然后将圆环泡芙顶浸入红色糖浆中。

将剩余的覆盆子果酱填入其他圆环泡芙顶中，然后在顶部挤一些尚蒂伊奶油，并放上一颗泡芙球。最后可以用刀尖辅助，在泡芙球顶端装饰1片金箔。

主厨建议

您可以将绿茴香粉替换成接骨木花或是绿茶。
当糖浆的颜色熬煮至焦糖色时，可以将平底锅迅速浸入冷水中，阻止进一步焦化，使糖浆保持鲜亮的红色。

乐太巧克力

6个1人份甜点

准备时间
烹饪前一天25分钟
烹饪当天1小时30分钟

烤制时间
15分钟

巧克力甘纳许
（提前一天准备）
130克鲜奶油
110克黑巧克力（67%）
35克无盐黄油

巧克力加布森饼干
105克杏仁粉
30克可可粉
5克T55面粉
190克细砂糖
170克蛋清（5～6个鸡蛋）
20克可可粒（即烘焙后直接碾碎的可可粒）
糖粉

巧克力片
200克黑巧克力（61%）

巧克力甘纳许

在平底锅中加热熬煮鲜奶油直至沸腾。

将热奶油分次一点点地倒入已经提前切碎的巧克力中。加入室温下的黄油，然后将所有食材混合搅拌。在冰箱中冷藏12小时。

巧克力加布森饼干

用食品搅拌器将杏仁粉、可可粉、面粉以及140克细砂糖混合并打碎。

将蛋清与剩下的50克细砂糖打发成白色泡沫。将打发的蛋白小心地倒入混合好的粉末中。

预热烤箱至175摄氏度。

在铺好烘焙纸的烤盘中，用一个装有裱花器的裱花袋将混合好的面糊挤出12个直径6.5厘米的圆饼。

将糖粉和一半的可可粒撒在圆饼上。

放入烤箱烤制15分钟，然后静置晾凉。

巧克力片

将巧克力以水浴法隔水融化。首先给巧克力调温：在烘焙纸或硅胶烤垫上，用一把刮刀将巧克力刮平展开约1毫米的厚度。静置几分钟使其冷却。裁切出6个边长为7厘米的正方形，放入冰箱或阴凉处备用。

组装

重新加热熬煮巧克力甘纳许，直到成为柔滑的膏状。将甘纳许挤在6个巧克力加布森饼干壳上，撒上另一半的可可粒。

放上一块方形巧克力片，然后再挤上一层甘纳许，加上另一片巧克力加布森饼干壳。

开始享用。

布列塔尼黄油酥饼

6人份

准备时间
3小时

烤制时间
1小时

工具
直径22厘米的不锈钢圆形中空模具1个

面团
330克T45面粉
10克细盐
200克水
5克面包酵母
280克无盐黄油
160克细砂糖

面团

在一个装有搅拌钩的搅拌机的不锈钢桶中将面粉与盐混合搅拌。按顺序先加入水后放入面包酵母。用低挡速度（一挡）搅拌面团5分钟，然后将搅拌机改为最高速度继续搅拌面团12分钟。

然后将面团取出，放在已经撒上一层面粉的工作台上。撒面粉是为了防止面团粘连。将面团擀成长方形的面皮。放入冰箱冷藏30分钟。

接下来需要把黄油馅包入面皮中：将黄油放于长方形面团的中央。拿起面皮的两边向内折叠，使面皮覆盖在黄油上。在冰箱中冷藏静置1小时。重新将面皮擀平，然后重复2次刚才的步骤。每一轮制作结束需要将面团放入冰箱冷藏静置1小时。最后一轮制作结束后，在折叠好的面饼表面撒上细砂糖。

烘焙

将面饼擀至5毫米的厚度。

裁切若干边长为8厘米的正方形。将四角向中间折叠。然后将其放入圆形不锈钢模具中。在预热30摄氏度后停止的烤箱中放入面饼，使其静置发酵约45分钟。

将黄油酥饼从烤箱中取出然后重新打开烤箱，并将温度调整到175摄氏度。再次将黄油酥饼放入烤箱，烤制1小时。

制作完成。

1 | 2 | 3

没有比面团和黄油更普通的食材了，但是
只要用心制作，一个简单的布列塔尼黄油酥饼
也能成为最让人无法抵抗的诱惑！

1. 将准备完成的黄油酥饼面团擀开。

2. 在放入黄油之前，将面饼提起轻轻拉长抻平整。

3. 将面饼折叠，完成第一轮折叠。

4. 然后进行第二轮折叠。

5. 撒上细砂糖。

6. 擀平面团，准备进行第三轮折叠。

7. 将最后一边折叠好，使面饼成形。

点心时间

6个1人份甜点

准备时间
烹饪前一天30分钟
烹饪当天30分钟

烤制时间
20分钟

布里欧修面团
（提前一天准备）
280克T45面粉
30克细砂糖
6克细盐
12克面包酵母
186克鸡蛋（约3个中等大小的鸡蛋）
225克无盐黄油

蛋黄浆
1个鸡蛋＋1个蛋黄
1汤匙水

巧克力片
180克牛奶巧克力
20克吉安杜佳牛奶榛果巧克力

布里欧修面团

在装有搅拌钩的搅拌机的不锈钢桶中用一挡（低挡）速度搅拌并混合面粉、细砂糖、盐以及面包酵母。

一点点地分次加入鸡蛋然后搅拌，直到面团混合均匀。然后用二挡速度继续搅拌面团，直至其不再黏附在盆壁上。

将搅拌机改为一挡速度，同时加入切成小块的黄油，搅拌至黄油与面团完全融合后，再改为二挡速度搅拌面团，直至其与盆壁分离为止。在室温下静置1小时。

用擀面杖将面团展开擀平至厚度约为1厘米，然后放入冰箱冷藏1小时。

将面皮裁切成13厘米×4厘米的长方形，在冰箱中冷藏12小时。

蛋黄浆

将制作蛋黄浆所需的全部食材在碗中混合。放入冰箱冷藏备用。

巧克力片

在平底锅中，将巧克力用水浴法隔水融化。

接下来给巧克力调温：用刮刀将巧克力在硅胶垫或透明塑料片上铺开约5毫米的厚度。静置冷却几分钟。

裁切出6个长方形巧克力片，长度依据布里欧修的大小，可适当调整。在室温下保存备用。

组装

制作当天，预热烤箱至30摄氏度，然后关闭烤箱等待5分钟。

将布里欧修摆放在提前铺好烘焙纸的烤盘中，放入烤箱中静置发酵25分钟。

取出布里欧修面团，并打开烤箱开关，将温度调至165摄氏度。用刷子给面团涂上蛋黄浆，然后将烤盘重新放入烤箱，烤制20分钟。

待静置晾凉后，将每个布里欧修一分为二并夹入巧克力片。

制作完成。

糖粒布里欧修

10个

准备时间
烹饪前一天30分钟
烹饪当天1小时

烤制时间
20分钟

布里欧修面团
（提前一天准备）
280克T45面粉
30克细砂糖
0.6克细盐
12克面包酵母
186克鸡蛋（约3个中等大小的鸡蛋）
225克无盐黄油

蛋黄浆
1个鸡蛋+1个蛋黄
1汤匙水

烤制
100克细砂糖粒

布里欧修面团
在装有搅拌钩的搅拌机的不锈钢桶中用一挡（低挡）速度搅拌并混合面粉、细砂糖、盐以及面包酵母。
一点点地分次加入鸡蛋然后搅拌直到面团混合均匀。然后用二挡速度继续搅拌面团至面团不再粘连在盆壁上。
将搅拌机改为一挡速度，同时加入切成小块的黄油，搅拌至黄油与面团完全融合后，再改为二挡速度搅拌，直至面团与盆壁分离为止。
在室温下静置1小时。然后将面团分成10个小球，盖好保鲜膜后放入冰箱冷藏12小时。

蛋黄浆
将制作蛋黄浆所需的全部食材在碗中混合。放入冰箱冷藏备用。

烤制
烘焙当天，预热烤箱至30摄氏度，然后停止烘焙并等待5分钟。
将布里欧修摆放在提前铺好烘焙纸的烤盘中，放入烤箱中静置发酵25分钟。
取出布里欧修面团，将烤箱温度调至165摄氏度。用刷子给面团涂上蛋黄浆并撒上糖粒，然后将烤盘重新放入烤箱，烤制20分钟。
制作完成。

1｜2

1. 在布里欧修面团表面涂上蛋黄浆。

2. 放入烤箱烤制前撒上糖粒。

吉安杜佳布里欧修

10个

准备时间
烹饪前一天1小时
烹饪当天1小时

烤制时间
20分钟

布里欧修面团
（提前一天准备）
280克T45面粉
30克细砂糖
6克细盐
12克面包酵母
186克鸡蛋（约3个中等大小的鸡蛋）
225克无盐黄油

可可酥饼
（提前一天准备）
145克T45面粉
25克可可粉
100克细砂糖
70克无盐黄油
48克鸡蛋（约1个小鸡蛋）

吉安杜佳巧克力酱
（提前一天准备）
100克吉安杜佳牛奶榛果巧克力
55克牛奶巧克力
20克黑巧克力
150克鲜奶油
15克葡萄糖

布里欧修面团

在装有搅拌钩的搅拌机的不锈钢桶中用一挡（低挡）速度搅拌并混合面粉、细砂糖、盐以及面包酵母。

一点点地分次加入鸡蛋然后搅拌直到面团混合均匀。然后用二挡速度继续搅拌面团至面团脱离盆壁。

将搅拌机改为一挡速度同时加入切成小块的黄油，搅拌至黄油与面团完全融合后，再改为二挡速度搅拌面团至其与盆壁分离。

在室温下静置1小时。然后将面团分成10个小球，盖好保鲜膜后放入冰箱冷藏12小时。

可可酥饼

将可可粉和面粉一同过筛。

使用装有搅拌桨的搅拌机混合细砂糖与提前切成小块的黄油。一点点地分次加入鸡蛋，然后和过筛后的可可粉和面粉一同混合并搅拌。

无须过度搅拌面团。

将面团在烘焙纸上擀成薄薄的面皮，然后裁切成10个直径6厘米的圆形。放入冰箱中冷藏1晚。

吉安杜佳巧克力酱

将三种巧克力仔细地切碎。

在一个平底锅中熬煮鲜奶油和葡萄糖。一点点地分次将锅中的热奶油和葡萄糖倒入巧克力碎中。搅拌并混合。放入冰箱中冷藏12小时。

蛋黄浆

1个鸡蛋+1个蛋黄

1汤匙水

蛋黄浆

将制作蛋黄浆所需的全部食材在碗中混合。放入冰箱冷藏备用。

烤制

烘焙当天，预热烤箱至30摄氏度，然后停止烘焙并等待5分钟。

将布里欧修摆放在提前铺好烘焙纸的烤盘中，放入烤箱中，静置发酵25分钟。

取出布里欧修，并将烤箱温度调至165摄氏度。

用刷子给布里欧修面团涂上蛋黄浆，并在面团上贴1片巧克力酥饼面皮。

将烤盘重新放入烤箱，烤制20分钟，出炉后静置晾凉。

在烤制完成的布里欧修仍略带温热的时候，用裱花袋在其内部填入吉安杜佳巧克力酱。

制作完成。

　　轻轻地咬一口拿捏在指尖的布里欧修面包，看着巧克力流心慢慢溢出……视觉和味觉的双重享受！

————————————

香草雪中蛋配马鞭草奶油

6个

准备时间
1小时

工具
直径4.5厘米的半圆形硅胶模具1个

蛋白雪中蛋
115克蛋清（约4个鸡蛋）
35克细砂糖
½根香草荚（剖开刮籽）
少许黄油（涂抹用）

马鞭草英式奶油
215克牛奶
80克蛋黄
55克细砂糖
1根香草荚（剖开刮籽）
145克奶油
10克干马鞭草

组装
杏仁片

蛋白雪中蛋

在装有打蛋器的搅拌机的不锈钢桶中打发蛋清至泡沫状。

接着加入糖和刮出的香草籽。在内部已提前涂好一层黄油的硅胶模具中填入蛋白，然后在微波炉中加热15秒。

脱模取出，并在冰箱中冷藏保存。

马鞭草英式奶油

在平底锅中混合牛奶和奶油，然后加热熬煮至沸腾。

关火后加入马鞭草并浸泡20分钟。

将牛奶和奶油的混合物过滤，并重新在火上加热煮沸。

将蛋黄、糖和香草籽混合。

将牛奶混合物再次煮沸后倒入蛋黄中，将所有食材混合均匀，并一同加热至83摄氏度。

将混合物倒出，静置晾凉后放入冰箱中冷藏。

组装

将两个半球形蛋白合并成一个球。

将杏仁片一片接一片地粘贴在蛋白球表面。

将完成后的杏仁蛋白球放入盘中，并加入马鞭草英式奶油。

制作完成。

1. 在粘贴杏仁片前，在每片杏仁片上点上一些白巧克力。　　**2.** 将杏仁片略微倾斜地一片接一片按顺序贴好。

主厨建议

您也可以将杏仁片换成开心果粉或玫瑰焦糖榛子酱。
建议在食用前的最后时刻进行雪中蛋的摆盘。

焦糖榛子酱柠檬蛋糕卷

6人份

准备时间
烹饪前一天30分钟
烹饪当天1小时15分钟

烤制时间
28分钟

蛋糕卷
140克牛奶
100克无盐黄油
140克面粉
170克蛋黄（即10个中等大小的鸡蛋的蛋黄）
100克鸡蛋（即2个中等大小的鸡蛋）
200克蛋清（即7个较小的鸡蛋的蛋清）
120克细砂糖

柠檬甘纳许
（提前一天准备）
340克鲜奶油
12克有机柠檬皮
2片明胶片
80克青柠酱
40克柠檬汁
90克调温白巧克力
6克可可脂

焦糖榛果酱
190克榛子
120克细砂糖
35克水
1撮细盐

蛋糕卷

将烤箱预热至180摄氏度。

在一个平底锅中加热黄油和牛奶。待黄油牛奶沸腾后，关火，加入面粉，搅拌并混合。然后将锅中所有食材一同加热，使面团略微干燥。关火取出面团。在盛放面团的容器中一点点地分次加入蛋黄和整个鸡蛋搅拌并混合均匀。

在装有打蛋器的搅拌机的不锈钢桶中打发蛋清至泡沫状。加入细砂糖。将打发的蛋白轻柔地逐渐加入上一步制作完成的面团中，拌匀。

在铺好烘焙纸的烤盘中将面团展开铺平。放入烤箱烤制20分钟。烤制结束后静置晾凉备用。

柠檬甘纳许

烤制前一天，将柠檬皮放入一半的鲜奶油中（170克）浸泡15分钟，奶油温度为室温最佳。15分钟后挑出柠檬皮并略微搅拌并混合。

将明胶片浸泡在冷水中20分钟。将青柠酱和柠檬汁加热至25摄氏度。

将调温白巧克力融化后加入切碎的可可脂。

将剩下的鲜奶油（170克）加热至沸腾后，离火，加入沥干水的明胶片。

将奶油分三次倒入巧克力中，混合并搅拌直至充分乳化。一边搅拌一边加入青柠酱和柠檬汁的混合物。最后加入一开始用柠檬皮调味的奶油。混合拌匀后放入冰箱冷藏。

焦糖榛果酱

将烤箱预热至210摄氏度，将榛子均匀码放在铺好烘焙纸的烤盘中。在烤箱中烘焙约8分钟，直到榛子呈现出漂亮的颜色。

在平底锅中将水和细砂糖一起加热至117摄氏度。倒入烘焙好的榛子并加入盐。一边冷却一边用刮勺搅拌，让榛果散开，直至外层糖浆开始结晶呈沙状。

当榛果外层糖浆变为沙状颗粒后，重新开始加热榛子，直到外层沙状糖粒重新融化成为糖浆并上色成为焦糖色。

快速地将榛子倒出并铺开晾凉。将冷却后的焦糖榛子酱分为两部分。用食品搅拌器打碎其中的一半焦糖榛子酱至粉末状，另一半打碎至酱状。放在室温下保存。

组装

揭掉蛋糕上的烘焙纸。用抹刀在蛋糕上涂抹薄薄一层焦糖榛子酱。在装有搅拌桨的搅拌机的不锈钢桶中打发柠檬甘纳许，立即将打发好的甘纳许涂抹在已涂好焦糖榛子酱的蛋糕上。将蛋糕慢慢卷起并在冰箱中冷藏1小时。

从冰箱取出蛋糕卷后立刻在焦糖榛子粉中滚动一圈，均匀蘸取一层焦糖榛子粉。

制作完成。

这可以称得上是一款主厨级别的蛋糕，极具技巧性：对质感和结构的苛求、柠檬口味的平衡以及让人眼前一亮的外形……

解馋的点心

À CROQUER

解馋的点心

从未见过，也不曾知晓的，

是那些可口的小点心带来的幸福感，

是用来奖励自己的美味，

是那无法抗拒的甜点的诱惑，

不需要预约也不用打招呼，

悄无声息，无人知晓……

小泡芙、可颂、饼干、巧克力面包、葡萄干面包、修女泡芙、闪电泡芙、马卡龙……金色的外壳、令人愉悦的色彩……这些甜蜜的诺言像是不可抗拒的磁铁……一口咬下，心中阴霾瞬间蒸发……蛋糕是繁忙生活中给予自己的奖赏。

泡芙球

40个

准备时间
35分钟

烤制时间
25 ～ 30分钟

泡芙面团
285克鲜牛奶（全脂鲜牛奶为佳）
110克无盐黄油
4.5克细砂糖
3克细盐
135克T55面粉
210克鸡蛋（3 ～ 4个鸡蛋）
500克珍珠糖（糖粒）

泡芙面团

在平底锅中将牛奶、切成小块的黄油、细砂糖和盐加热熬煮。

待沸腾后，将平底锅离火并加入过筛后的面粉。当面粉完全混合均匀后，重新将平底锅放回火上，用小火加热搅拌。此时需要不停翻搅3分钟，使混合物轻微干燥。直到形成光滑的面团且面团不会粘连在锅壁及刮刀上。面团干燥完成后，将其取出放在圆底盆中，并一点点地分次加入鸡蛋搅拌，直至得到均匀光滑的面团。

烤制

预热烤箱至210摄氏度。

在一个铺好烘焙纸的烤盘中用装有裱花嘴的裱花袋挤出若干直径3厘米的泡芙面团小球。每一个小球之间预先留出空隙，以防在烤制期间相互粘连触碰。

在放入烤箱前，在每个泡芙球上撒上一些珍珠糖。然后放入烤箱烤制25 ～ 30分钟。

制作完成。

1 | 2

1和2. 在烤盘上挤出泡芙球面团，注意每个小球之间留出足够的空间。

3. 在每个小泡芙球面团上撒上一些珍珠糖。

双巧曲奇饼干

20块

准备时间
50分钟

烤制时间
10分钟

曲奇饼干面团
120克粗粒红糖
120克细砂糖
300克T45面粉
6克泡打粉
175克无盐黄油
75克鸡蛋（约1个大鸡蛋）
190克牛奶巧克力
190克黑巧克力

曲奇饼干面团

在装有搅拌桨的搅拌机的不锈钢盆中混合两种糖、面粉及泡打粉。

加入切成小块的黄油，然后一点点分次加入鸡蛋。然后放入切成细碎的两种巧克力，轻柔细致地混合并搅拌。

将面团摆放在工作台上，并揉成直径5厘米的圆柱形面团。

用保鲜膜盖住面团，并放入冰箱冷藏30分钟。

烤制

预热烤箱至170摄氏度。

取出已经变硬的圆柱形面团，切下厚度约为2.5厘米的面片。

将饼干面团摆放在已经铺好烘焙纸的烤盘中，注意面团之间留出距离，避免粘连。放入烤箱烤制10分钟。

烤制结束后，让饼干静置冷却。

制作完成。

主厨建议

您也可以将粗粒红糖换成黑糖。

饼干也可以选用100%的黑巧克力或100%的牛奶巧克力制作。

在饼干刚刚烤制完成拿出烤箱后，您可以用一个圆形中空模具对饼干进行裁切塑形，使其形状更圆、更规整。

可颂

6个

准备时间
烹饪前一天3小时
烹饪当天2小时30分钟

烤制时间
20～25分钟

可颂面团
（提前一天准备）
1千克T45面粉
125克细砂糖
70克无盐黄油
20克细盐
300克水
45克面包酵母
210克鲜牛奶（全脂鲜牛奶为佳）
680克片状黄油

蛋黄浆
1个鸡蛋+1个蛋黄
1汤匙水

可颂面团

烘焙前一天，在装有搅拌钩的搅拌机的不锈钢桶中混合细砂糖、切成小块的冷黄油、面粉以及盐。

然后按顺序加入水、面包酵母，最后加入牛奶。

缓慢地搅拌面团约4分钟，然后用略强的力度继续搅拌面团3分钟。

将面团放在已经撒好一层面粉的工作台面上，撒上面粉是为了防止面团粘连。

用擀面杖将面团擀开成长方形。将片状黄油包入面皮中，即将黄油放在面皮的中心，然后将面皮的两边向内折叠，使面皮覆盖在黄油上。完成后在冰箱中冷藏1小时。

将面皮重新擀平，便完成了第一轮制作。重复上述制作方法2次，每一轮制作完成后需要将面皮放入冰箱冷藏静置1小时。制作完成后放入冰箱或阴凉处备用。

蛋黄浆

将制作蛋黄浆所需的全部食材在碗中混合。放入冰箱冷藏备用。

组装

将面团擀平展开，然后裁切出高16厘米、底边长10厘米的三角形。逐个将三角形面皮从底边向顶部卷起。

将可颂面团放在室温下的烤盘中室温发酵2小时。

预热烤箱至180摄氏度。

用刷子在面包表面刷上蛋黄浆。然后将其放入烤箱中烤制20～25分钟。

烤制完成后静置晾凉。

制作完成。

甜点店是关于日常幸福的艺术。

3 | 4
5 | 6

1. 在工作台上撒上一层面粉。

2. 裁切羊角包面皮。

3 和 4. 将羊角包面团卷起。

5. 将羊角包折叠从而得到好看的外形。

6. 将面包捏紧以保持需要的形状。

巧克力面包

10个

准备时间
烹饪前一天3小时
烹饪当天2小时30分钟

烤制时间
20～25分钟

可颂面团
（提前一天准备）
1千克T45面粉
125克细砂糖
70克无盐黄油
20克细盐
300克水
45克面包酵母
210克鲜牛奶（全脂鲜牛奶为佳）
680克片状黄油

蛋黄浆
1个鸡蛋+1个蛋黄
1汤匙水

组装
20根巧克力棒

可颂面团

烘焙前一天，在装有搅拌钩的搅拌机的不锈钢桶中混合细砂糖、切成小块的冷黄油、面粉以及盐。

接着按顺序加入水、面包酵母，最后加入牛奶。

缓慢地搅拌面团约4分钟，然后用略强的力度继续搅拌面团3分钟。

将面团放在已经撒好一层面粉的工作台面上，撒上面粉是为了防止面团粘连。

用擀面杖将面团擀开成长方形。将片状黄油包入面皮中，即将黄油放在面皮的中心，然后将面皮的两边向内折叠，使面皮覆盖在黄油上。完成后在冰箱中冷藏1小时。

将面皮重新擀平，便完成了第一轮制作。重复上述制作方法2次，每一轮制作完成后需要将面皮放入冰箱冷藏静置1小时。制作完成后放在冰箱或阴凉处备用。

蛋黄浆

将制作蛋黄浆所需的全部食材在碗中混合。放入冰箱冷藏备用。

组装

用擀面杖将面团擀开并裁切出10个长12厘米、宽8厘米的长方形面皮。

在每个长方形面皮中放入两根巧克力棒，用面皮包裹住巧克力棒然后卷起。

将包好巧克力棒的面团放入提前铺好烘焙纸的烤盘中，在室温下静置醒发2小时。

预热烤箱至180摄氏度。

用刷子在面团表面涂上一层蛋黄浆，然后放入烤箱烤制20～25分钟。

将烤制完成的面包取出晾凉。

制作完成。

葡萄干面包

10个

准备时间
烹饪前一天3小时
烹饪当天1小时

烤制时间
25分钟

可颂面团
（提前一天准备）
500克T45面粉
60克细砂糖
35克无盐黄油
12克细盐
140克水
20克面包酵母
100克鲜牛奶（全脂牛奶为佳）
240克片状黄油

杏仁奶油
160克杏仁粉
125克无盐黄油
125克糖粉
15克奶油粉
90克室温下的鸡蛋（即2个中等大小鸡蛋）
15克朗姆酒

可颂面团

烘焙前一天，在装有搅拌钩的搅拌机的不锈钢桶中混合细砂糖、切成小块的冷黄油、面粉以及盐。

接着按顺序加入水、面包酵母，最后加入牛奶。

缓慢地搅拌面团约4分钟，然后用略强的力度继续搅拌面团3分钟。

将面团放在已经撒好一层面粉的工作台面上，撒上面粉是为了防止面团粘连。

用擀面杖将面团擀开成长方形。将片状黄油包入面皮中，即将黄油放在面皮的中心，然后将面皮的两边向内折叠，使面皮覆盖在黄油上。完成后在冰箱中冷藏1小时。

将面皮重新擀平，便完成了第一轮制作。继续重复上述制作方法2次，每一轮制作完成后需要将面皮放入冰箱冷藏静置1小时。制作完成后放入冰箱或阴凉处备用。

杏仁奶油

提前30分钟将鸡蛋从冰箱中取出，使其温度达到室温。

用搅拌机搅拌提前切成小块的黄油。然后依次加入糖粉、奶油粉和杏仁粉。将上述食材搅拌并混合，然后分次加入鸡蛋。待其搅拌并混合均匀后加入朗姆酒。放入冰箱或阴凉处静置备用。

香草卡仕达奶油酱
150克鲜牛奶（全脂牛奶为佳）
½根香草荚
25克蛋黄（约1个蛋黄）
30克细砂糖
10克T55面粉
5克奶油粉
15克无盐黄油

糖釉面
100克细砂糖
100克水

组装
230克葡萄干

香草卡仕达奶油酱

在平底锅中，将牛奶加热到微滚的状态。加入剖开并刮出香草籽的半根香草荚，再盖上盖子在锅中浸泡15分钟，使香味渗透并与牛奶混合。

另取一个容器，加入蛋黄、细砂糖、面粉和奶油粉，混合。过滤出牛奶中的香草荚，然后将香草牛奶加入混合物中。将混合物重新放在火上加热直至沸腾。然后一边持续搅拌一边继续加热3分钟。

加入黄油并搅拌均匀。完成后，将混合物倒出并放入冰箱中冷藏。

糖釉面

在平底锅中，将水和糖加热熬煮至沸腾，得到糖浆。将熬煮完成的糖浆晾凉备用。

组装

将面团擀平展开厚度约为3毫米。

用刮刀分别搅拌制作完成的香草卡仕达奶油酱和杏仁奶油，确保其质地均匀，然后将二者混合。将混合完成的奶油涂抹在面皮上。撒上葡萄干。将面皮紧紧地卷起，覆盖上保鲜膜并放入冰箱冷藏1小时。

烤制

预热烤箱至30摄氏度。

将卷好的面团切成2.5厘米厚的面饼。将面团摆放在铺好烘焙纸的烤盘中。停止烘焙，并将烤盘放入烤箱中静置30分钟。

将葡萄干面包取出，预热烤箱至175摄氏度。将面包再次放入烤箱，烤制25分钟。

烤制结束后取出面包，用刷子给葡萄干面包刷上一层薄薄的糖釉面。制作完成。

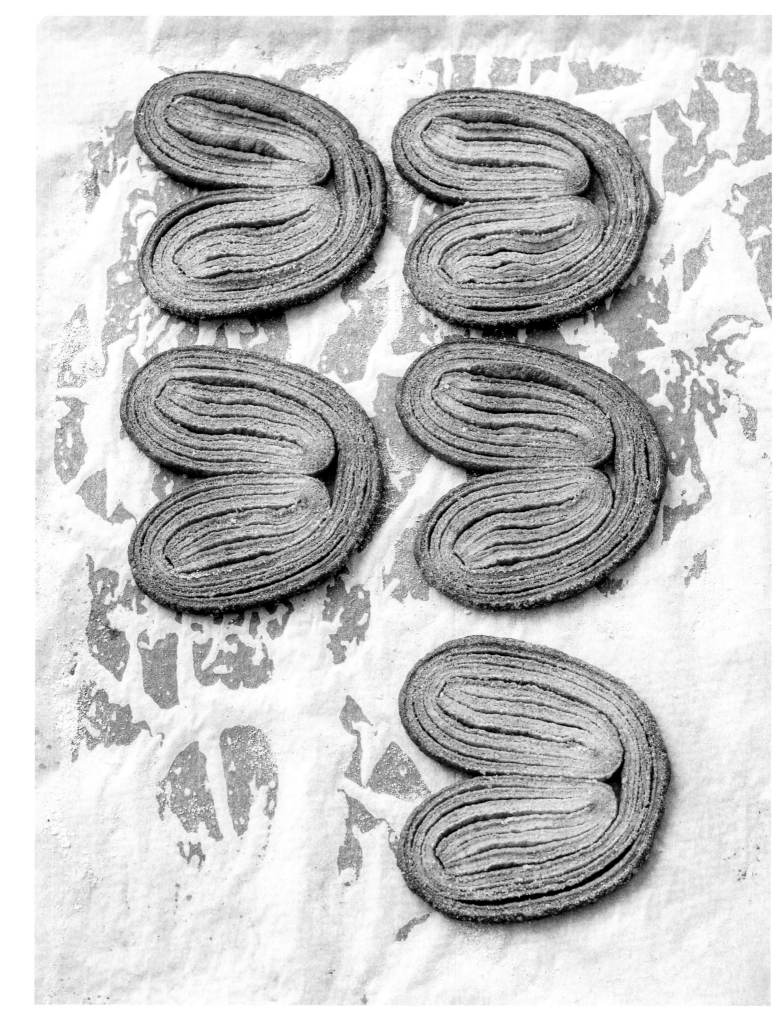

香草蝴蝶酥

10块

准备时间
烹饪前一天3小时
烹饪当天1小时

烤制时间
25分钟

千层派皮
（提前一天准备）
440克面粉
8克盐
220克水
330克黄油

组装
800克细砂糖
3根香草荚

千层派皮

在装有搅拌钩的搅拌机的不锈钢桶中，混合面粉和盐。

在揉面的同时一点点地分次加入清水。

将揉好的面团取出，擀压成方形放入冰箱冷藏1小时。

将黄油置于面团中央。

向中间折起两边面皮，使面皮叠放在黄油上，将黄油包住，重复同样的过程三次。将做好的面皮静置备用。

组装

烤制当天，将细砂糖与已经剖开并刮出香草籽的香草荚混合。

将前一天制作完成的千层派皮取出并展开，表面撒上一半用量的香草细砂糖。

翻面撒上另一半的香草细砂糖。

将派皮擀成长度为60厘米的面饼。

将面饼两侧向中间折叠，并将折叠的部分再次向内折叠，从而得到蝴蝶酥的形状。

在冰箱中冷藏1小时。

将烤箱预热至210摄氏度。

取出折叠成蝴蝶形状的冷藏派皮，切成1厘米厚的小段。放入铺有烘焙纸的烤盘中，然后放入烤箱烤制25分钟。

烤制结束后将蝴蝶酥取出静置晾凉。制作完成。

蜂蜜玛德琳蛋糕

20个

准备时间
烹饪前一天30分钟
烹饪当天15分钟

烤制时间
8～10分钟

玛德琳面糊
（需提前24小时准备）
200克无盐黄油
1个有机鲜橙的皮屑
195克细砂糖
20克百花蜜
200克室温下的鸡蛋（约3个大鸡蛋）
200克T45面粉
6克泡打粉

烤制
无盐黄油

玛德琳面糊
将黄油在平底锅中加热至70摄氏度，使其融化。
用打蛋器将擦成细碎的橙子皮屑与细砂糖搅拌均匀。然后加入百花蜜和室温下的鸡蛋并搅打混合。
用装有打蛋器的搅拌机将过筛后的面粉和泡打粉混合。然后向面粉混合物中一点点地加入之前做好的鸡蛋橙子皮屑混合物。用较慢的速度混合搅拌。最后加入融化且微温的黄油。
将面糊放入冰箱中冷藏24小时。

烤制
烤制当天，预热烤箱至175摄氏度。
在模具内部涂上一层黄油，然后用裱花袋将面糊挤入模具中。
放入烤箱烤制8～10分钟。
制作完成。

主厨建议

您可以将百花蜜换成荞麦蜂蜜。
在给模具涂上一层黄油后还可以再撒上一层面粉，这样可以使蛋糕
脱模更加轻松。
不要过度搅拌面团，否则烤出的蛋糕会不够松软。

覆盆子夹心玛德琳蛋糕

20个

准备时间
烹饪前一天45分钟
烹饪当天15分钟

烤制
8～10分钟

玛德琳面糊
（提前一天准备）
200克T45面粉
195克细砂糖
200克黄油
200克鸡蛋（3～4个鸡蛋）
6克泡打粉

糖渍覆盆子酱
110克新鲜覆盆子
70克覆盆子果泥
30克细砂糖
3克NH果胶

烤制
少许黄油（用于涂抹）

玛德琳面糊

烤制前一天，在平底锅中加热黄油至70摄氏度，使其融化。
将糖与室温下的鸡蛋混合。
用装有打蛋器的搅拌机将过筛后的面粉和泡打粉混合均匀。
然后一点点地倒入鸡蛋和糖的混合物。
用慢速搅拌并混合。
最后加入融化且微温的黄油拌匀。
在冰箱中冷藏24小时。

糖渍覆盆子酱

在平底锅中，将新鲜覆盆子同覆盆子果泥一起加热熬煮。
将糖和NH果胶混合。
待锅中的水果汁液被加热到微微颤动，放入糖和NH果胶的混合物。
加热至沸腾，且在沸腾状态下持续熬煮1分钟。
关火。将锅中的混合物倒出，并放入冰箱中冷藏25分钟。

烤制

预热烤箱至175摄氏度。
在模具上涂上一层黄油，然后用裱花袋将面糊挤入模具中。
放入烤箱烤制8～10分钟。
完成烤制后，在玛德琳蛋糕仍然温热的时候，用装有裱花嘴的裱花袋将糖渍覆盆子酱填入玛德琳蛋糕内。
制作完成。

巧克力修女泡芙

6个

准备时间
烹饪前一天1小时
烹饪当天30分钟

烤制时间
45分钟

工具
直径6厘米的半球形聚碳酸酯巧克力模具
1个

泡芙面团
190克全脂鲜牛奶为佳
75克无盐黄油
3克细砂糖
2.5克细盐
90克T55面粉
140克鸡蛋（约3个鸡蛋）

脆皮饼干
（提前一天准备）
150克无盐黄油
150克细砂糖
150克杏仁粉
50克T55面粉

巧克力蛋奶酱夹心
（提前一天准备）
150克全脂鲜牛奶
150克鲜奶油
50克蛋黄（约3个鸡蛋）
20克细砂糖
130克调温黑巧克力

黑巧克力外壳
500克黑巧克力

泡芙面团

在平底锅中倒入牛奶，放入切成小块的黄油、盐和细砂糖加热。等待混合物沸腾之后，将平底锅移开灶台，接着加入已过筛的面粉均匀混合后，用中小火再次加热，并开始不断搅动面团大约3分钟，使面团干燥直至面团不再粘连在刮刀上，成为一个可以轻松从平底锅壁上分离的圆形面团。当混合的面团干燥完成后，分次加入鸡蛋混合直到面团变得光滑均匀。在室温下静置备用，用保鲜膜覆盖好避免面团变干。

脆皮饼干

在装有搅拌桨的搅拌机的不锈钢桶中将黄油软化，然后一点点分次加入所有粉状食材（细砂糖、杏仁粉、面粉）。将揉好的面团用擀面杖擀至非常薄的程度，然后覆盖好保鲜膜放入冰柜中冷冻1晚。

烤制当天，裁切出6个直径5厘米的圆形面皮，以及6个直径2厘米的圆形面皮。预热烤箱至180摄氏度。在铺好烘焙纸的烤盘上，用裱花袋挤出6个直径6厘米的大泡芙和6个直径2厘米的小泡芙。泡芙间要留出足够的空隙，然后将脆皮饼干面片放在挤好的泡芙面团上。烤制45分钟。出炉后静置晾凉。

巧克力蛋奶酱夹心

在平底锅中加热熬煮牛奶和鲜奶油。

另取一个圆底盆，强力打发蛋黄和细砂糖。然后将加热后的热牛奶和奶油混合物倒入蛋黄中，将搅拌均匀后的混合物重新倒回锅中并加热至85摄氏度。切碎调温黑巧克力，将热英式奶油分几次倒入巧克力碎中，搅拌使其充分乳化。混合均匀后静置备用。

黑巧克力外壳

将黑巧克力用水浴法隔水融化，然后进行巧克力调温：在硅胶垫或透明塑料片上，用刮刀将巧克力刮平并展开约1毫米的厚度。静置几分钟使其冷却。在半圆球形模具中制作出巧克力外壳，另外再精细地铺展开呈长15厘米、宽2厘米的带状巧克力片，静置3分钟，使巧克力略微凝固，然后将巧克力条弯曲成漂亮的半圆形。

组装

将大泡芙球的顶端去掉，然后用裱花袋向泡芙球中填入巧克力蛋奶酱。填充完成后，在顶端粘上一个半球形巧克力外壳，然后加上小泡芙球。制作完成。

蒙布朗栗子闪电泡芙

6个

准备时间
烹饪前一天30分钟
烹饪当天2小时

烤制时间
1小时45分钟

工具
蒙布朗裱花嘴

泡芙面团
190克全脂鲜牛奶
75克无盐黄油
3克细砂糖
2.5克细盐
90克T55面粉
140克鸡蛋（约3个鸡蛋）

法式蛋白霜
60克蛋清（即2个中等大小的鸡蛋）
60克细砂糖
60克糖粉

栗子奶酱夹心
（提前一天准备）
216克鲜奶油
54克白巧克力
65克法式栗子酱（糖渍栗子泥）
1片明胶片

栗子奶油
238克栗子蓉
80克法式栗子酱（糖渍栗子泥）
80克无盐黄油
8克威士忌

组装
糖渍栗子
银箔

泡芙面团

在平底锅中倒入牛奶，放入切成小块的黄油、盐和细砂糖加热煮沸。等待混合物沸腾之后，将平底锅移开灶台，接着加入已过筛的面粉。待面粉均匀混合后，将平底锅重新放回灶台用中小火再次加热，并开始不断搅动面团大约3分钟，使面团干燥，直至混合物不再粘连在刮刀上且成为一个可以轻松从平底锅壁上分离的圆形面团。

当混合的面团干燥后，将其全部取出放入圆底盆中，分次加入鸡蛋混合直到面团变得光滑均匀。在室温下静置备用，用保鲜膜覆盖好避免面团变干。

法式蛋白霜

在装有打蛋器的搅拌机的不锈钢桶中打发蛋清至泡沫状。加入细砂糖，搅拌使蛋白轻微收紧，并将糖粉过筛后用抹刀将糖粉倒入蛋白中混合。

在已铺好烘焙纸的烤盘中，用装有裱花嘴的裱花袋挤出长13厘米的管状蛋白霜。在90摄氏度的烤箱中烘烤1小时。

栗子奶酱夹心

将明胶片在冷水中浸泡20分钟。

在平底锅中将鲜奶油煮沸，然后关火加入沥干水的明胶片。

另取一个容器放入白巧克力和栗子酱，将加入了明胶片的热奶油分三次倒在栗子酱和白巧克力上，混合均匀至充分乳化。放入冰箱或阴凉处静置12小时。

栗子奶油

在装有搅拌桨的搅拌机的不锈钢桶中将糖渍栗子搅拌松散，加入法式栗子酱。将威士忌加热。然后将威士忌同软化成为膏状的黄油一起加入栗子蓉中。栗子酱加入前尽量过筛以防止结块。

组装

将烤箱预热至180摄氏度。在铺好烘焙纸的烤盘中挤出长度约为13厘米的闪电泡芙面团。放入烤箱中烤制45分钟。在烤制进行到30分钟时,将烤箱门拉开并用小勺子或其他工具抵住烤箱门,继续烤制。出炉后静置晾凉。将冷却后的闪电泡芙去掉顶端,然后将栗子奶酱夹心填入泡芙内,然后放上一条法式蛋白霜,轻轻按压。

用一个装有蒙布朗裱花嘴的裱花袋将栗子奶油挤在蛋白霜上,将其覆盖住。最后用几片银箔作为点缀。

制作完成。

小巧的甜点蕴含着巨大的能量。一边是闪电泡芙,一边是勃朗峰栗子奶油,两种最具有传奇色彩的食材的碰撞,只为了满足唇齿间甜蜜的幸福。

_____

1. 在裱花袋中装入栗子奶油。

2. 最大限度地排除袋中多余的空气,以防止在将栗子奶油挤出做装饰时留下不连续的孔洞。

西西里开心果野草莓双球泡芙

6个

准备时间
烹饪前一天30分钟
烹饪当天1小时30分钟

烤制时间
45分钟

工具
6厘米半圆球形聚碳酸酯巧克力模具1个

泡芙面团
190克全脂鲜牛奶
75克无盐黄油
3克细砂糖
2.5克细盐
90克T55面粉
140克鸡蛋（大约3个鸡蛋）

脆皮饼干
（提前一天准备）
150克无盐黄油
150克细砂糖
150克杏仁粉
50克T55面粉

开心果奶酱夹心
（提前一天准备）
140克全脂鲜牛奶
140克淡奶油
60克蛋黄（大约3个蛋黄）
30克细砂糖
180克白巧克力
60克开心果酱

泡芙面团

在平底锅中倒入牛奶，放入切成小块的黄油、盐和细砂糖加热煮沸。待混合物沸腾之后，将平底锅移开灶台，接着加入已过筛的面粉均匀混合。然后将平底锅重新放回灶台用中小火再次加热，并不断搅动面团大约3分钟，使面团干燥，直至混合物不再粘连在刮刀上且成为一个可以轻松从平底锅壁上分离的圆形面团。

当面团干燥完成后，将其全部取出放入圆底盆中，一点点地分次加入鸡蛋搅动混合直到面团变得光滑均匀。在室温下静置备用，用保鲜膜覆盖好避免面团变干。

脆皮饼干

在安装有片状搅拌器的搅拌机的不锈钢桶中软化黄油，一点点地分次加入细砂糖、面粉以及杏仁粉。将混合好的食材铺开擀薄，包裹上保鲜膜放入冰柜冷冻1晚。

烘焙当日将脆皮饼干面团取出，用模具切出6个直径5厘米的泡芙圆饼和6个直径2厘米的圆饼。烤箱预热至180摄氏度。

在铺好烘焙纸的烤盘中摆放6个直径5厘米的泡芙底和6个直径2厘米的泡芙底，留出适当的空间并在顶部贴上准备好的脆皮饼干。放入烤箱烘烤45分钟，在烘烤30分钟时打开烤箱门，可用勺子固定住，使烤箱冷却。

开心果奶酱夹心

在平底锅中将牛奶和淡奶油加热。

在圆底盆中强力打发蛋黄和细砂糖。从上方倒入上一步混合加热后的液体，然后将全部混合物倒入平底锅中加热至85摄氏度。

将白巧克力切碎，分多次将热英式奶油（即上个步骤中的混合物）倒入放置巧克力碎和开心果酱的容器中，使其乳化。将所有食材均匀混合备用。

野草莓酱
150克野草莓泥
2克NH果胶
6克细砂糖
15克柠檬汁

闪烁巧克力外壳
500克白巧克力
绿色闪粉

组装完成
200克野草莓

野草莓酱

将NH果胶和细砂糖混合备用。将草莓果泥加热后放入处理好的NH果胶和细砂糖中，使其沸腾2分钟后倒出，加入柠檬汁，在冰箱中静置冷却。

闪烁巧克力外壳

隔水融化白巧克力，并在硅胶垫上或巧克力专用玻璃纸上用刮刀将巧克力涂抹延展开约1毫米厚度。静置使其冷却几分钟。

用上一步备用的原工具制作巧克力半圆球外壳并脱模，同时制作6个3厘米直径的圆形巧克力片，冷藏1小时。

使用笔刷将绿色闪粉涂抹在巧克力上，放入冰箱冷藏备用。

组装及完成

将大泡芙的上半部分切掉，用裱花袋将开心果奶酱夹心填满泡芙，然后再用另一个裱花袋最后加入野草莓酱完成泡芙的夹心填充。

在泡芙上粘贴绿色闪粉的巧克力外壳后在其上方摆放好野草莓，用装有小号裱花嘴的裱花袋在小泡芙的周围完成开心果奶油的半圆花边装饰。

草莓闪电泡芙

6个

准备时间
烹饪前一天35分钟
烹饪当天30分钟

烤制时间
45分钟

泡芙面团
190克全脂鲜牛奶（建议优先选用全脂鲜牛奶）
75克无盐黄油
3克细砂糖
2.5克细盐
90克T55面粉
140克鸡蛋全蛋（大约3个鸡蛋）

草莓卡仕达奶油酱
（提前一天准备）
300克鲜牛奶（优先选用全脂鲜牛奶）
1根香草荚
50克蛋黄（约2个鸡蛋）
60克细砂糖
20克T55面粉
10克奶油粉（用于制作卡仕达奶油酱的糕点奶油粉）
30克无盐黄油
150克新鲜草莓

泡芙面团

在平底锅中倒入牛奶，放入切成小块的黄油、盐和细砂糖加热煮沸。等待混合物沸腾之后，将平底锅移开灶台，接着加入已过筛的面粉。待面粉均匀混合后，将平底锅重新放回灶台用中小火再次加热，并开始不断搅动面团大约3分钟，使面团干燥，直至混合物不再粘连在铲子上且成为一个可以轻松从锅壁上分离的圆形面团。

当混合的面团干燥后，将其取出放入圆底盆中，一点点地分次加入鸡蛋搅动混合，直到面团变得光滑均匀。在室温下静置备用，用保鲜膜覆盖好避免面团变干。

草莓卡仕达奶油酱

在平底锅中倒入牛奶，加热熬煮至牛奶轻微抖动即将沸腾。关火，加入已经剖开并刮出香草籽的香草荚，盖上盖子让香草荚在牛奶中浸泡15分钟，使香味融合。

另取一个容器，将蛋黄、细砂糖、面粉以及奶油粉搅拌并混合。挑出香草荚后将牛奶倒入混合物中，并重新放在火上加热至沸腾，然后一边持续搅动一边继续熬煮3分钟左右。接着加入黄油继续搅拌并混合。完成后将混合物倒出并放置在冰箱或阴凉处静置备用。

在最后组装时，只需将草莓切成小块，待奶油酱冷却后加入草莓即可。

30度波美糖浆
100克细砂糖
100克水

红色翻糖
500克白色翻糖
20克30度波美糖浆
红色着色剂

白色翻糖
300克白色翻糖
20克30度波美糖浆

30度波美糖浆
在平底锅中加入水和细砂糖，加热熬煮至沸腾后关火静置冷却。

红色翻糖
先将白色翻糖软化，然后加入几滴红色着色剂，接着放入30度波美糖浆。在室温下静置备用。

白色翻糖
将白色翻糖软化并加入30度波美糖浆。均匀混合后在室温下静置备用。

组装
预热烤箱至180摄氏度。在铺好烘焙纸的烤盘上，挤出长度为13厘米的泡芙条。放入烤箱烤制45分钟。在烘焙进行到30分钟时打开烤箱门，可用勺子或其他工具固定住，维持烤箱门打开的状态继续烤制。
将烘焙完成的泡芙条取出静置晾凉，然后切去顶部。用裱花袋将草莓卡仕达奶油酱填入泡芙条中。
将红、白两色翻糖软化，将每个泡芙条在红色翻糖中均匀蘸取翻糖。然后用装有白色翻糖的裱花袋，不需要裱花嘴，在红色翻糖上画几条线。
制作完成。

主厨建议
您可以使用任何品种的草莓来制作这款闪电泡芙。
也可以加入几片薄荷叶为奶油酱增加清香。
至于装饰用的几条白色翻糖线，建议尽量使用糕点用裱花袋，以保证线条的匀称和平整。

3
—
4

1
—
2

1. 将翻糖软化。

2. 将泡芙条浸入红色翻糖中蘸取糖浆。

3. 可以用尺子作为辅助，从而画出想要的图案。

4. 整理好翻糖的边缘使其平滑。

我喜爱草莓大胆、张扬、让人
一目了然的红色。那是生活的色彩，
是欲望、是愉悦、是百般滋味、是
太阳的光芒，也是最可口的美味！

百分之百

6块

准备时间
1小时

烤制时间
30分钟

工具
大小为20厘米×12厘米的长方形不锈钢中空模具1个

巧克力椰子脆
50克椰子糖
10克椰子粉
0.3克盐之花
3克可可粉
20克大米粉
34克椰子面粉
22克水
45克椰子油
55克牛奶巧克力［法芙娜佐克林巧克力（Xocoline，Valrhona®）］
35克白杏仁泥
20克葡萄籽油

红色浆果酱
200克覆盆子
90克黑加仑
115克草莓
1根香草荚（剖开刮籽）
35克椰子泥
15克椰子糖
8克NH果胶
5克柠檬汁

费南雪饼干
60克杏仁粉
40克大米粉
20克马铃薯淀粉
0.5克生物酵母粉
120克椰子糖
120克蛋清（约4个中等大小的鸡蛋的蛋清）
40克葡萄籽油
10克杏仁泥

巧克力果仁脆皮
100克杏仁碎
330克牛奶巧克力（佐克林）
165克黑巧克力（佐克林）
105克葡萄籽油

组装
新鲜覆盆子

巧克力椰子脆

将烤箱预热至150摄氏度。在一个圆底不锈钢盆中将所有粉状食材混合（椰子糖、椰子粉、盐之花、可可粉、大米粉、椰子面粉），然后加入水，最后放入溶化的椰子油。搅拌直到成为质地均匀的面团。

在铺好烘焙纸的烤盘中，将面团铺展开约1.8毫米厚，然后放入烤箱中烤制18分钟。

烤制结束后取出静置晾凉，然后将其捣碎，与融化的巧克力、白杏仁泥以及葡萄籽油一起混合搅拌。

在大小为20厘米×12厘米的长方形不锈钢模具中，铺放250克的上述混合物。放入冰柜中冷冻30分钟。

红色浆果酱

在平底锅中将所有水果和香草籽、椰子泥一起加热至45摄氏度。

将椰子糖和NH果胶混合，加入平底锅中，加热熬煮并持续沸腾2分钟，最后加入柠檬汁。

费南雪饼干

将烤箱预热至180摄氏度。

将所有粉状食材在圆底盆中过筛。加入椰子糖，然后加入温度为20摄氏度的蛋清。最后放入葡萄籽油和杏仁泥。

在大小为20厘米×12厘米的长方形不锈钢模具中倾倒饼干面糊。然后放入烤箱烤制7分钟。

巧克力果仁脆皮

预热烤箱至160摄氏度。

在铺好烘焙纸的烤盘上，将杏仁碎均匀铺展开，然后在烤箱中烘焙5分钟左右直到杏仁片上色。在平底锅中将调温巧克力加热至45摄氏度，使其融化，并加入葡萄籽油以及烘焙过的杏仁片，拌匀。

组装

在冷冻的长方形模具中的巧克力椰子脆上倒入350克红色浆果酱，将费南雪饼干放入红色浆果酱中，然后再倒入350克红色浆果酱。重新放入冷冻柜中冷冻2小时。冷冻结束后取出，将长方体裁切成大小为12厘米×3厘米的小长方体，用一把叉子将巧克力果仁脆皮覆盖在长方体的周边。最后在顶部装饰几颗内部填入了红色浆果酱的新鲜覆盆子。制作完成。

马卡龙

50个

准备时间
1小时

烤制
22分钟

马卡龙饼干
250克杏仁粉
250克糖粉
145克蛋清（约5个中等大小的鸡蛋的蛋清）
50克水
220克细砂糖
食品着色剂（不同的颜色可根据配方进行调整）

覆盆子马卡龙
2克红色食品着色剂（用于马卡龙面团着色）
220克新鲜覆盆子
140克覆盆子酱
60克细砂糖
7克NH果胶
70克杏仁粉

开心果马卡龙
（提前一天准备）
1克绿色食品着色剂+1克黄色食品着色剂
用于马卡龙面团着色
295克鲜奶油
2片明胶片
100克白巧克力
50克开心果酱
20克杏仁粉

马卡龙饼干
将杏仁粉和糖粉在圆底盆中混合。加入食品着色剂，然后加入65克蛋清。
熬煮糖浆：在平底锅中将水和细砂糖煮沸并持续加热至118摄氏度。
用搅拌器将剩下的蛋清（80克）打发至泡沫状，加入熬煮完成的热糖浆。
混合搅拌得到蛋白霜，此时的蛋白呈现带有光泽的柔滑状且仍然温热。
将一半量的温热蛋白霜加入之前准备好的杏仁粉混合物中混合搅拌，然后再次加入剩下的一半蛋白霜，混合均匀。
在铺好烘焙纸的烤盘中，有间隔地挤出直径4厘米的圆形马卡龙。在室温下静置30分钟。预热烤箱至160摄氏度，然后将马卡龙放入烤箱烤制约22分钟。烤制完成后静置，使其冷却。

覆盆子马卡龙
首先制作覆盆子果冻：在平底锅中将覆盆子酱、¾的细砂糖以及新鲜覆盆子一同加热熬煮。一边搅拌一边持续加热至沸腾后关火。
将NH果胶和剩余的细砂糖混合后加入平底锅中，同锅中的覆盆子混合物一同熬煮至沸腾。关火，待混合物晾凉后加入杏仁粉混合搅拌均匀。放入冰箱中冷藏。

开心果马卡龙
烤制前一天，首先制作开心果甘纳许。将明胶片在冷水中浸泡20分钟。
在平底锅中将鲜奶油加热煮沸，然后放入沥干水的明胶片，搅拌均匀。
将混合完成的奶油和明胶片倾倒在白巧克力和开心果酱中。待上述食材搅拌均匀后，最后加入杏仁粉混合拌匀。放入冰箱中冷藏1晚。

巧克力（72%）马卡龙

（提前一天准备）

15克可可面团（用于制作马卡龙面团）

350克鲜奶油

150克黑巧克力

马达加斯加香草马卡龙

（提前一天准备）

1根香草荚的香草籽，用于制作马卡龙面团

315克鲜奶油

1根香草豆荚

1片明胶片

150克白巧克力

30克杏仁粉

焦糖马卡龙

（提前一天准备）

1克黄色食品着色剂+1克红色食品着色剂（用于马卡龙面团）

140克鲜奶油

1根香草荚

130克细砂糖

6克盐之花

140克牛奶巧克力

75克黄油

巧克力马卡龙

烤制前一天，需提前制作巧克力甘纳许：将鲜奶油在平底锅中煮沸，然后将热奶油分几次倒在黑巧克力上。均匀混合所有食材并在冰箱中冷藏1晚。

马达加斯加香草马卡龙

烤制前一天，提前准备香草甘纳许。将明胶片在冷水中浸泡20分钟。

在平底锅中将鲜奶油加热煮沸，然后与沥干水的明胶片均匀混合。将已经剖开并刮出香草籽的香草荚浸泡在奶油混合物中约20分钟。

滤出香草荚，然后将热奶油分几次倒在白巧克力上。均匀混合上述食材，最后加入杏仁粉搅拌均匀。放入冰箱中冷藏1晚。

焦糖马卡龙

烤制前一天，提前制作焦糖甘纳许。在平底锅中将鲜奶油与已经剖开并刮出香草籽的香草荚一同加热熬煮至沸腾。关火后继续让香草荚在奶油中浸泡20分钟。

另取一个平底锅，在170摄氏度的温度下将细砂糖熬煮至变为焦糖。然后在糖浆中加入热奶油使其慢慢稀释。最后撒入盐之花。

当混合物的温度降到90摄氏度时，将其分几次浇倒在牛奶巧克力上，充分混合，待温度降至45摄氏度时，加入黄油混合均匀。放入冰箱中冷藏1晚。

马卡龙是法国人不可或缺的生活艺术。一旦品尝过它的酥松美味，便再也不可能让自己停下来！

皮埃蒙特榛子马卡龙
（提前一天准备）
250克鲜奶油
1片明胶片
125克白巧克力
25克榛子粉
100克榛子酱
100克榛子粉（用于点缀马卡龙饼干表面）

皮埃蒙特榛子马卡龙

烤制前一天，提前准备榛子甘纳许。将明胶片在冷水中浸泡20分钟。
在平底锅内将鲜奶油煮沸，然后加入沥干水的明胶片，混合均匀。将奶油和明胶片的混合物分几次倒在白巧克力上。然后加入榛子酱，最后放入榛子粉混合搅拌均匀后放入冰箱冷藏1晚。

组装

用裱花袋提前将准备完成的甘纳许或是果冻挤在一片马卡龙外壳的底部。然后将另一片马卡龙叠放在酱料上，圆顶朝外，轻轻按压即可。
建议最好在品尝前先将马卡龙放在冰箱中冷藏1晚，风味更佳。

主厨建议

工具方面:

您可以将杏仁粉换成榛子粉或是开心果粉，但是需要注意要使用含量分别为75%的杏仁粉、25%的榛子粉和25%的开心果粉。每个马卡龙外壳都可以加入不同的食材进行装饰，例如干果、水果干甚至还可以使用小麦米花。

制作方面:

最好预先将蛋清取出回温，这样可以让蛋清打发的程度更好。您还可以将杏仁粉和糖粉研磨得更细: 食材的质地越细腻，马卡龙就越细滑。

红色浆果千层蛋糕

6块

准备时间
烹饪前一天1小时30分
烹饪当天1小时

烤制时间
30分钟

千层派皮
（提前一天准备）
440克T45面粉
8克细盐
220克水
330克无盐黄油

香草尚蒂伊奶油
300克鲜奶油（乳脂含量≥30%）
½根香草荚（剖开刮籽）
20克糖粉

覆盆子甘纳许
（提前一天准备）
390克鲜奶油
130克覆盆子果泥
230克调温用象牙白巧克力
1片明胶片

组装
糖粉
100克野草莓
装饰用银箔

千层派皮

在装有搅拌钩的搅拌机的不锈钢桶中，混合面粉和盐。
在搅拌面粉的同时一点点地分次加入清水。
将揉好的面团取出擀压成方形后放入冰箱冷藏1小时。
将黄油置于面团中央。
向中间折起两边面皮，使面皮叠放在黄油上。将面团擀压平整，如此完成第一轮折叠。重复同样的过程三次，每次操作之间都要将面皮放入冰箱冷藏1小时。做好的面皮放在冰箱或阴凉处静置备用。

香草尚蒂伊奶油

将冰凉的鲜奶油用搅拌机打发。为了方便尚蒂伊奶油的制作，您可以将打蛋器和容器一同放入冰箱中冷藏。待奶油打发完成后，加入半根香草荚中的香草籽，然后加入糖粉继续轻柔搅拌，使奶油收紧一些，直至质地变得坚挺。将完成的尚蒂伊奶油放入冰箱或阴凉处静置冷藏。

覆盆子甘纳许

将明胶片在冷水中浸泡20分钟。
在平底锅中将一半鲜奶油（195克）以及覆盆子果泥一同混合加热至沸腾。关火，加入明胶片并充分搅拌均匀，然后分三次将混合物倒在巧克力上。待所有食材混合均匀后放入冰箱中冷藏1晚。

组装

将烤箱预热至210摄氏度。
将千层派皮用擀面杖铺平并擀开成厚度为1.5毫米的面皮，将面皮翻面并用叉子或其他工具在面皮上戳出一些小孔。将面皮裁切出12个大小为12厘米×2.5厘米的长方形面皮。将裁切出来的长方形面皮摆放在铺有湿润的烘焙纸的烤盘中。放入烤箱烤制25分钟。
烤制结束后，在将烤盘从烤箱中取出时在派皮表面撒上一些糖粉，然后继续放回烤箱中，用余温烘焙几分钟，使派皮呈现出漂亮的焦糖色。
在装有打蛋器的搅拌机的不锈钢桶中将覆盆子甘纳许打发。用一个裱花袋，在6层长方形千层派皮饼干上挤出两条相邻的长形管状甘纳许，然后叠放上第二片千层派皮饼干。
再取一个装有裱花嘴的裱花袋，在千层蛋糕的顶端挤出弯曲的蛇形尚蒂伊奶油。最后摆放上新鲜的野草莓，用银箔作为装饰。
制作完成。

招牌甜点

LES SIGNATURES

招牌甜点

这是属于美食家们的甜点，
属于那些期望被甜点大师们的创造力所征服的人，
还属于那些让甜点师骄傲得眯起眼睛的独家美味……

春分、车轮泡芙、香草巧克力蛋糕、覆盆子挞、草莓蛋糕、朗姆巴巴，这些名字的背后属于每个人独一无二的回忆，这驱使着大家光顾西里尔·利尼亚克与博努瓦·库朗的甜点店……焦糖奶油酱、巧克力香草甘纳许、不同食材之间微妙的口感、流心内馅、酥脆的外皮……甜点每时每刻都在随着时代的节奏前行。

巴黎布雷斯特车轮泡芙

6人份

准备时间
1小时30分钟

烤制时间
43分钟

泡芙面团
190克全脂鲜牛奶为佳
75克无盐黄油
3克细砂糖
2克细盐
90克T55面粉
140克鸡蛋（即2个大鸡蛋）

蛋黄浆
1个鸡蛋＋1个蛋黄
1汤匙水

烤制
15克杏仁片

焦糖榛果酱
190克烘焙榛子
120克细砂糖
35克水
1撮细盐

泡芙面团
依照第58页"绿茴香覆盆子圣奥诺雷蛋糕"相同的食谱制作泡芙面团。

蛋黄浆
将制作蛋黄浆所需的所有食材在碗中混合均匀，然后放入冰箱冷藏。

烤制
将烤箱预热至210摄氏度。
在铺好烘焙纸的烤盘上用装有裱花嘴的裱花袋将泡芙面团挤出需要的形状。用刷子在面糊表面均匀地涂抹薄薄一层蛋黄浆，然后撒上杏仁片。
放入烤箱烤制约35分钟。

焦糖榛果酱
将烤箱预热至210摄氏度，将榛子均匀地码放在铺好烘焙纸的烤盘中。在烤箱中焙烤约8分钟，直到榛子呈现出漂亮的颜色。
在平底锅中将水和细砂糖一起加热至117摄氏度。倒入烘焙好的榛子并加入盐。一边冷却一边用刮勺搅拌，让焦糖榛子酱散开，直至外层糖浆开始结晶，呈现沙状。
当榛子外层的糖浆变为沙状颗粒后，重新开始加热榛子直到外层结晶的沙状糖粒重新溶化为糖浆并上色成焦糖色。
快速地将果仁倒出并铺开晾凉。静置使其冷却，然后用搅拌机打碎混合，静置备用。

焦糖榛果奶油
220克牛奶，全脂鲜牛奶为佳
1片明胶片
1根香草荚
40克细砂糖
40克蛋黄（约2个鸡蛋）
20克奶油粉
165克无盐黄油
150克焦糖榛果酱

牛奶巧克力圆片
200克牛奶巧克力

组装
防潮糖霜
装饰用金箔

焦糖榛果奶油

将明胶片在冷水中浸泡20分钟。

在平底锅中，将牛奶与剖开且刮出香草籽的香草荚一同混合加热至牛奶微微滚动。关火后继续让香草荚在牛奶中浸泡10分钟。

另取一个容器，按照顺序将以下食材混合：细砂糖、蛋黄、奶油粉。将香草牛奶中的香草荚滤出然后倒入混合物中搅拌均匀。将混合物重新倒回平底锅中并在火上加热至煮沸，并持续沸腾3分钟。

关火。加入15克黄油，将沥干水的明胶片一起加入混合搅拌。然后放入焦糖榛果酱。搅拌并混合直到焦糖榛果奶油质地均匀柔滑。将其倒出并放入冰箱或阴凉处静置1小时。

在装有打蛋器的搅拌机的不锈钢圆桶中将剩余的黄油（150克）打发。将其加入刚刚制作完成的焦糖榛子奶油中。

牛奶巧克力圆片

在平底锅中，将巧克力用水浴法隔水融化，然后进行巧克力调温操作：在硅胶垫或透明塑料片上，用刮刀将巧克力刮平并展开约1毫米的厚度。静置几分钟使其冷却。

用冷却后的巧克力片裁切出直径3厘米的圆形巧克力片。在室温下静置备用。

组装

将泡芙水平横向切成上下两层，从而得到一个底部和一个顶层。在底层泡芙中填入一些焦糖榛果酱，然后用装有裱花嘴的裱花袋挤上一些焦糖榛果奶油球，并借助裱花嘴向每个奶油球内部填入剩余的焦糖榛果酱。将顶部的泡芙叠放在奶油上。

再在车轮泡芙的顶部挤上一些焦糖榛果奶油做装饰，接着撒上防潮糖霜，最后用金箔和圆形巧克力片作为装饰。

主厨建议

您可以将焦糖榛果酱换成美洲山核桃酱或者焦糖开心果酱。
为了得到更加浓稠的奶油，尽量充分打发奶油并使黄油乳化。

朗姆巴巴

6人份

准备时间
2小时30分钟

烤制时间
20分钟

巴巴面团
180克T45面粉
20克细砂糖
4克细盐
10克面包酵母
8克牛奶
120克鸡蛋（约2个中等大小的鸡蛋）
60克无盐黄油+适量无盐黄油（用于涂擦模具）

杏茸淋面
250克杏茸
60克细砂糖
3片明胶片

香草尚蒂伊奶油
300克淡奶油（乳脂含量≥30%）
½根香草荚（剖开刮籽）
20克糖粉

糖浆
230克细砂糖
520克水
1个有机柠檬的皮屑
1个有机橙的皮屑
6克香草籽（约1根香草荚）
120克朗姆酒

巴巴面团

把面粉、细砂糖和细盐放入装有搅拌钩的搅拌机的不锈钢搅拌桶中拌匀，将面包酵母与牛奶混合后倒入，以低速搅拌均匀。然后一点点地分次加入鸡蛋并提高搅拌速度，搅拌直至面团脱离搅拌缸内壁。

待面团比较均匀的时候，分三次加入软化的黄油，搅拌至面团具有充分弹性。

在较为温暖的室内将面团静置发酵45分钟。

用软化的黄油（配方的60克之外）涂抹模具内壁，把面团装入模具，面团约占满模具的⅔。将面团于室温下再次静置发酵30分钟。

将面团放入预热至180摄氏度的烤箱中，烘烤20分钟，持续观察烘烤情况，酌情调控时间，烘烤至表面呈深金黄色。

杏茸淋面

明胶片用冰水浸泡20分钟，沥干水备用。

在平底锅内加热杏茸和细砂糖，待细砂糖完全溶化后离火，加入明胶片混合，晾凉后在冰箱中冷藏。

香草尚蒂伊奶油

把冰凉的淡奶油放入搅拌缸中用搅拌器打发。为了达到最佳效果，可以将容器和打蛋器一起放入冰箱冷藏半小时再使用。

至淡奶油完全打发后，加入半根香草荚的香草籽拌匀，最后加入糖粉使淡奶油收紧，以稳定状态。放在冰箱或阴凉处静置备用。

糖浆

在平底锅中将水和细砂糖煮沸，加入柠檬皮屑和橙皮屑，然后加入已经剖开并刮出香草籽的香草荚，最后倒入朗姆酒。盖上盖子，改用小火焖煮30分钟。

将糖浆过滤，保持温热备用。

组装

将巴巴蛋糕在糖浆中浸泡几分钟，放在晾晒网上待糖浆停止滴落，以沥干多余的糖浆。

把冷藏的杏茸淋面取出加热至45摄氏度，使其融化。

当巴巴蛋糕及表面的糖浆冷却后，淋上杏茸淋面，然后用裱花袋在中心填入香草尚蒂伊奶油，制作完成。

1. 准备好一盆浸泡巴巴蛋糕的糖浆。

2. 从底部开始将巴巴浸泡在糖浆中。

3. 将巴巴翻转过来浸泡另一边。

我非常喜欢巴巴蛋糕。因为每个人都可以
用自己喜欢的方式去品尝它：直接品尝或者是
加入朗姆酒后食用，无论怎样都会非常美味！

焦糖咸黄油闪电泡芙

6个

准备时间
烹饪前一天30分钟
烹饪当天2小时

烤制时间
45分钟

焦糖奶油
（最好提前一天准备）
140克鲜奶油
2片明胶片
110克细砂糖
70克无盐黄油
3克盐之花
200克马斯卡彭奶酪

焦糖糖面
75克细砂糖
150克鲜奶油
45克葡萄糖
310克白色翻糖
10克半盐黄油

焦糖奶油

将明胶片在冷水中浸泡。

在平底锅中将鲜奶油加热煮沸后静置备用。

另取一个平底锅，将细砂糖和水混合用小火熬煮，同时轻轻混合搅拌，直到糖浆呈现出褐色的焦糖色。将热奶油慢慢倒入焦糖中，然后加入盐之花和黄油并混合均匀。

静置使其冷却至25摄氏度。关火后加入沥干水的明胶片。

用装有搅拌桨的搅拌机，将马斯卡彭奶酪搅拌松散后，将制作完成的焦糖倒入一同混合搅拌。在冰箱中冷藏12小时。

焦糖糖面

在平底锅中将细砂糖直接倒入，加热直到细砂糖变为液体状态，并呈现出好看的金栗色。

将鲜奶油在另一个平底锅中加热熬煮。

将葡萄糖加入一开始熬煮的焦糖中，并持续加热至104摄氏度，此时将热奶油倒入与焦糖混合，并加热至109摄氏度。接着加入半盐黄油并将所有食材混合搅拌均匀。

在冰箱中冷藏15分钟，然后将所有食材倒在提前软化的白色翻糖上。

在室温下静置备用。

泡芙面团

190克牛奶，全脂鲜牛奶为佳
75克无盐黄油
3克细砂糖
2.5克细盐
90克T55面粉
140克鸡蛋（即2个大鸡蛋）

泡芙面团

在平底锅中倒入牛奶，放入切成小块的黄油、盐和细砂糖，加热煮沸。待混合物沸腾之后，将平底锅移开灶台，加入已过筛的面粉搅拌并混合。待混合均匀后，将平底锅重新放回灶台，用中小火再次加热，并不断搅动面团大约3分钟，使面团干燥，直至混合物不再粘连在刮刀上且成为一个可以轻松从锅壁上分离的圆形面团。

当面团干燥完成后，将其全部取出放入圆底盆中，一点点地分次加入鸡蛋搅动混合直到面团变得光滑均匀。在室温下静置备用，用保鲜膜覆盖好避免面团变干。

组装

预热烤箱至180摄氏度。

在铺好烘焙纸的烤盘中，用裱花袋挤出一些长度为13厘米的闪电泡芙，放入烤箱中烤制45分钟。

在烘焙进行到30分钟时，打开烤箱门，并用例如勺子等工具将烤箱门轻轻抵住。继续烘烤。

烤制完成后，静置让泡芙冷却，然后向泡芙内部填入焦糖奶油。将焦糖糖面软化，然后将泡芙的顶部浸入糖面中，在室温下静置几分钟使糖面冷却结晶。

放入冰箱或阴凉处静置保存。

主厨建议

您可以选用焦糖碎（即把焦糖煮至金黄色后粗略打碎得到的酥脆颗粒或碎片）或是焦糖牛奶软糖来作为闪电泡芙上层覆盖的糖面。您还可以在奶油中加入一些橙花，为泡芙增加风味。

覆盆子挞

6人份

准备时间
烹饪前一天30分钟
烹饪当天1小时30分钟

烤制时间
20分钟

工具
直径22厘米的圆形中空不锈钢模具1个
直径9厘米、高度2厘米的圆形中空不锈钢模具1个

甜酥面团
（提前一天准备）
175克无盐黄油
45克杏仁粉
120克糖粉
1撮盐
290克T55面粉
70克鸡蛋（相当于1个大鸡蛋）

杏仁奶油
125克无盐黄油
125克糖粉
15克奶油粉
160克杏仁粉
90克室温下的鸡蛋（即2个中等大小的鸡蛋）
15克朗姆酒

蛋糕用浸泡糖浆
50克细砂糖
100克水
½根香草荚

甜酥面团

在装有搅拌桨的搅拌机的不锈钢桶中将黄油软化。在等待的同时，将杏仁粉、糖粉以及盐搅拌均匀，然后将所有的混合物加入软化的黄油中。待上述食材混合均匀，加入⅓的鸡蛋和⅓的面粉。搅拌1分钟。之后重复依次加入剩下的⅔的部分，搅拌并混合。完成后将面团放入冰箱冷藏备用。

杏仁奶油

将鸡蛋提前30分钟从冰箱拿出，让温度达到室温。
用搅拌机混合预先切成小块的黄油。然后按照顺序依次加入糖粉、奶油粉以及杏仁粉。
接着分次加入鸡蛋。混合搅拌均匀。
待上述食材混合均匀后，加入朗姆酒。放入冰箱冷藏。

杏仁甘纳许

将明胶片在冷水中浸泡20分钟。
在平底锅中，将一半的鲜奶油煮沸，关火后加入用手挤干的明胶片，拌匀。然后将热奶油分三次倒入白巧克力中，搅拌直到充分乳化。接着一边搅动一边倒入杏仁奶并混合均匀。最后将剩余的冷的鲜奶油加入一同混合。放入冰箱或阴凉处静置备用。

覆盆子酱

将覆盆子、柠檬汁以及细砂糖在平底锅中加热熬煮5分钟。过滤后放入冰箱冷藏。

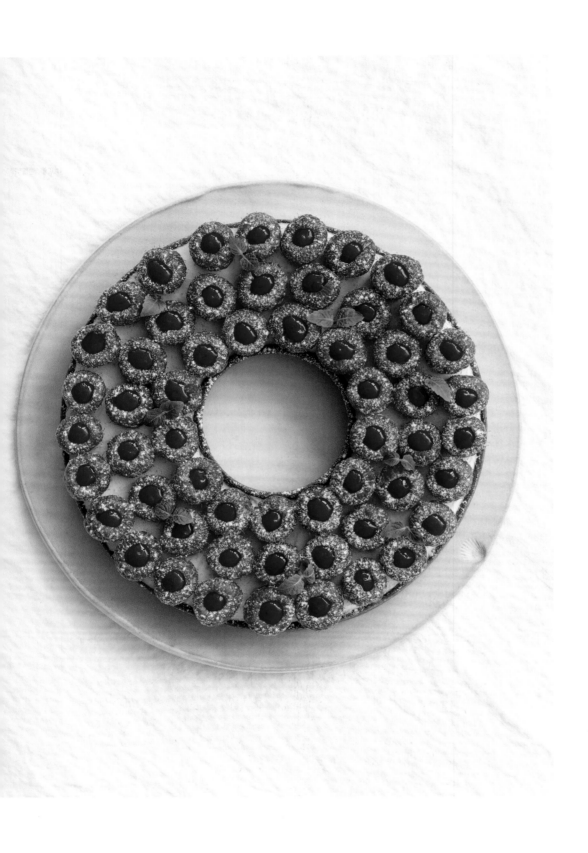

杏仁甘纳许

360克鲜奶油

90克白巧克力

30克杏仁奶

1片明胶片

覆盆子酱

200克新鲜覆盆子

40克柠檬汁

100克细砂糖

组装

330克新鲜覆盆子

10克糖粉

紫苏叶

适量黄油（用于涂抹模具）

组装

将甜酥面团铺开、擀平并裁切出直径26厘米的圆形面皮，以及宽度为2厘米的长条形带状面皮。将面皮嵌入提前涂抹好一层黄油的直径22厘米的圆形中空模具中。然后在挞皮中心用直径9厘米的模具镂空出一个圆形的孔洞，处理好模具与挞皮的边缘处，防止粘连。小心地取走中心被切下的面皮，重新放好模具并将2厘米的长条面皮环绕摆放在模具外围。放入冰箱冷藏30分钟。

预热烤箱至175摄氏度。在挞底铺开涂抹杏仁奶油，然后放入烤箱烤制20分钟。

烤制完成后，将挞底在糖浆中浸透，然后待其静置晾凉后脱模。将杏仁甘纳许用装有打蛋器的搅拌机打发，然后用打发得顺滑有光泽的杏仁甘纳许填入挞中。接着装饰上一些倒放且撒上糖霜的覆盆子。用裱花袋在倒放的覆盆子中填入覆盆子酱。最后用几片紫苏叶进行点缀。

制作完成。

杏仁奶油国王饼

6人份

准备时间
烹饪前一天2小时
烹饪当天45分钟

烤制时间
45分钟

千层派皮
（提前一天准备）
440克T45面粉
8克细盐
220克水
330克无盐黄油

杏仁奶油
（提前一天准备）
100克杏仁粉
80克糖霜
12克奶油粉
80克无盐黄油
60克室温下的鸡蛋（即1个鸡蛋）
20克杏仁奶

蛋黄浆
1个鸡蛋+1个蛋黄
1汤匙水

糖浆
100克细砂糖
100克水

千层派皮

在装有搅拌钩的搅拌机的不锈钢桶中，混合面粉和盐。

在搅拌面粉的同时一点点地分次加入清水。

将揉好的面团取出擀成方形后放入冰箱冷藏1小时。

将黄油置于面团中央。

向中间折起两边面皮，使面皮叠放在黄油上。将面团擀压平整，如此完成第一轮折叠。重复同样的过程三次，每次操作之间都要将面皮放入冰箱冷藏1小时。做好的面皮在冰箱或阴凉处静置备用。

杏仁奶油

将糖霜、杏仁粉和奶油粉一同在圆底盆中混合均匀。

在一个装有桨叶的搅拌机的不锈钢桶中，将黄油搅打至膏状。加入在圆底盆中混合完成的杏仁粉、糖霜和奶油粉。然后一点点地分次加入鸡蛋。最后将杏仁奶倒入混合物中，搅拌均匀后放入冰箱或阴凉处静置备用。

蛋黄浆

将制作蛋黄浆所需的所有食材混合。在冰箱中冷藏备用。

糖浆

在平底锅中，将细砂糖和水混合煮沸，将混合物过滤后静置备用。

组装

烘焙当天，将千层派皮用擀面杖擀平，厚度大约3毫米。用直径22厘米的圆形模具裁切出2个圆形面皮，并在冰箱中冷藏1小时。

将烤箱预热至200摄氏度。

在已经铺好烘焙纸的烤盘中，先放一片圆形千层派皮，在派皮上涂抹一层杏仁奶油。接着将第二片圆形千层派皮覆盖在杏仁奶油的上方，并将两层派皮的边缘处黏合在一起。在千层派皮上用刀尖轻轻划出装饰线，然后用刷子在表面涂上一层蛋黄浆。制作装饰线时，用刀子从中心向外在国王饼表面划出呈放射状弯曲的线条。

放入烤箱烤制45分钟。在烘焙结束取出国王饼时，用刷子蘸取糖浆在国王饼表面薄薄地涂抹一层糖浆。然后将国王饼静置晾凉。

每年，国王饼都在寒冷的冬日如期而至，
前来赴一场抚慰人心的温情之约。而这大概
是让我们爱上寒冷的一月的唯一理由了。

榛子脆蛋糕

6人份

准备时间
烹饪前一天1小时30分钟
烹饪当天1小时30分钟

烤制
30分钟

工具
直径分别为12厘米、3厘米和20厘米的不锈钢中空圆形模具各1个
巧克力专用喷枪1个

巧克力马卡龙
（提前一天准备）
250克杏仁粉
250克糖粉
145克蛋清（即5个中等大小的鸡蛋的蛋清）
50克水
220克细砂糖
15克可可膏

杏仁牛奶涂层
40克杏仁碎
210克牛奶巧克力
45克葵花籽油

吉安杜佳巧克力甘纳许
（提前一天准备）
260克鲜奶油
110克吉安杜佳牛奶榛果巧克力（66%）
10克葡萄糖
2片明胶片

黑巧克力装饰
（提前一天准备）
300克黑巧克力

巧克力马卡龙

将杏仁粉和糖粉混合，加入65克蛋清。在一个平底锅中将细砂糖和水加热至沸腾，继续加热直到温度达到118摄氏度。用打蛋器将剩余的80克蛋清打发至泡沫状。将刚刚熬煮完成的热糖浆倒入打发的蛋白中，混合搅拌直到得到蛋白霜。此时的面糊应当顺滑且温热。接着加入提前融化好的可可膏，将上述食材混合搅拌均匀。

将一半仍然温热的蛋白霜加入一开始准备好的杏仁粉蛋清混合物中搅拌并混合，然后加入剩下的一半蛋白霜，再次混合均匀。

在已经铺好烘焙纸的烤盘中，借助中空圆形模具挤出一个直径20厘米的圆形。在室温下静置30分钟。

预热烤箱至160摄氏度，然后放入烤箱烤制30分钟，取出后静置晾凉。

杏仁牛奶涂层

预热烤箱至210摄氏度。

在铺好烘焙纸的烤盘中，将杏仁平铺开，在烤箱中焙烤大约8分钟，至杏仁呈现出漂亮的微黄颜色。

在平底锅中将牛奶巧克力用45摄氏度的热水隔水融化。然后加入葵花籽油以及焙烤完成的杏仁。静置备用。

吉安杜佳巧克力甘纳许

将明胶片在冷水中浸泡20分钟。

取一个平底锅，将70克鲜奶油与葡萄糖一同加热煮沸。离火，加入用手挤干的明胶片，混合均匀。将热奶油分几次倒在提前切碎的巧克力上。混合搅拌直到混合物充分乳化呈柔滑状。最后加入剩余的冷奶油（190克）。将混合完成的甘纳许放入冰箱中冷藏12小时。

黑巧克力装饰

在平底锅中将巧克力融化，然后进行调温：用一把刮刀在硅胶垫或透明塑料片上将巧克力刮平并铺开约1毫米的厚度。静置几分钟使其冷却。

用冷却后的大巧克力片裁切出直径20厘米的圆形巧克力片，并用另一个直径12厘米的圆形模具将圆形巧克力片的中心镂空。同时用小圆形模具再裁切出一些直径3厘米的小圆巧克力片。在室温下静置备用。

焦糖榛子酱
190克榛子
120克细砂糖
35克水
1撮细盐

香草尚蒂伊奶油
300克鲜奶油（乳脂含量≥30%）
½根香草荚（剖开刮籽）
20克糖粉

牛奶巧克力绒面
300克牛奶巧克力
300克可可脂

组装
整颗榛子

焦糖榛子酱

将烤箱预热至210摄氏度，将榛子均匀地码放在铺好烘焙纸的烤盘中。将榛子在烤箱中焙烤约8分钟，直到其呈现出漂亮的颜色。

在平底锅中将水和细砂糖一起加热至117摄氏度。倒入烘焙好的榛子并加入盐。一边冷却一边用刮勺搅拌，让焦糖榛子酱散开，直到外层糖浆开始结晶呈现沙状。

当榛子表面的糖浆变为沙状颗粒后，重新开始加热榛子直到外层结晶重新溶化为糖浆并上色呈焦糖色。

快速地将果仁倒出并铺开整平。静置使其冷却，然后搅拌打碎成膏状，静置备用。

香草尚蒂伊奶油

将冰凉的鲜奶油用搅拌机打发。为了方便尚蒂伊奶油的制作，您可以将打蛋器和容器一同放入冰箱中冷藏。待奶油打发完成后，加入半根香草荚中的香草籽，然后加入糖粉继续轻柔搅拌，使奶油收紧一些，直至质地变得坚挺。将完成的尚蒂伊奶油放入冰箱或阴凉处静置冷藏。

牛奶巧克力丝绒外层

将牛奶巧克力和可可脂一同用水浴法隔水融化。充分搅拌。

组装

将杏仁牛奶涂层融化并包裹在巧克力马卡龙外壳上。在一个装有打蛋器的搅拌机的不锈钢桶中将吉安杜佳巧克力甘纳许打发。用一个裱花袋，在巧克力马卡龙上挤出两排形状漂亮的球形吉安杜佳巧克力甘纳许。在每个甘纳许小球中填入焦糖榛子酱。然后将圆形巧克力片覆盖在甘纳许上方，轻轻按压使其黏合牢固。此时需将组合完成的部分整体放入冰柜中冷冻1小时。

将蛋糕从冰柜中取出，将牛奶巧克力绒面融化并装入喷枪中，在蛋糕表层均匀喷洒一层巧克力绒面。然后在顶部挤上打发的吉安杜佳巧克力甘纳许圆球。最后点缀上黑巧克力圆片、榛子以及水滴状的香草尚蒂伊奶油。

这款蛋糕就像是一场华丽的表演。
如同优雅的芭蕾一般，我们在每一种食
材和元素之间寻找着最完美的平衡感。

———————————————

草莓蛋糕

6人份

准备时间
烹饪前一天1小时
烹饪当天1小时

烤制时间
8分钟

工具
直径16厘米、高6厘米的不锈钢中空圆形
模具1个
Rhodoïd®透明塑料围边
糕点专用喷枪

柠檬海绵蛋糕
200克全蛋（约4个较小的鸡蛋）
100克细砂糖
75克蛋黄（约4个蛋黄）
1个有机柠檬的皮屑
30克黄油
80克T45面粉

香草甘纳许
（提前一天制作）
375克淡奶油
5克香草籽（1根香草荚）
2片明胶片
100克白巧克力

柠檬海绵蛋糕

烤箱预热至200摄氏度。

在水浴锅内放入全蛋、细砂糖、蛋黄和柠檬皮屑，持续搅拌并加热至40摄氏度，倒入搅拌机内匀速搅打5分钟，然后一点点地加入融化的黄油拌匀，最后加入过筛的面粉并混合均匀。

在铺好烘焙纸的烤盘上将蛋糕面糊均匀地铺开，厚度约为0.5厘米，放入烤箱烘烤8分钟，出炉后冷却。

将蛋糕裁切为直径14厘米的圆形，再裁切一些小块蛋糕用于装饰（最后组装部分会做出说明）。

香草甘纳许

将明胶片在冷水中浸泡20分钟至泡软。

在平底锅内将一半的鲜奶油（约187.5克）和剖开并刮出香草籽的香草荚加热煮沸，离火后盖上盖子让香草荚浸泡5分钟。将泡软的明胶片用手挤干并加入奶油中拌匀。分三次将热奶油浇在白巧克力上，搅拌使其乳化至均匀。最后再加入剩余的冷藏淡奶油（约187.5克）拌匀。放入冰箱中冷藏。

草莓果酱

在平底锅中将草莓果泥、青柠果泥和15克细砂糖加热煮沸，离火。

将NH果胶与剩余的10克细砂糖拌匀，当果泥温度降至60摄氏度时，加入NH果胶和细砂糖拌匀，加热煮沸并保持沸腾2分钟。离火，将果酱倒出，静置冷却。

草莓果酱

（提前一天制作）

140克草莓果泥

20克青柠果泥

25克细砂糖

3克NH果胶

红丝绒巧克力喷砂

100克白巧克力

100克可可脂

1克红色食品着色剂（脂溶性）

组装

100克白巧克力

250克草莓

绿色食品着色剂

巧克力小花

红丝绒巧克力喷砂

将白巧克力和可可脂融化，加入红色食品着色剂，搅拌均匀。

使用温度为45摄氏度。

组装

在铺有烘焙纸的烤盘中，放入直径16厘米的圆形模具并在模具内壁围上透明塑料围边（便于冷冻后蛋糕侧面整齐光滑且易脱模）。

将白巧克力融化后在直径14厘米的柠檬蛋糕表面涂刷一层很薄的白巧克力涂层（防止蛋糕破碎或受潮影响口感），然后放在模具内（涂有巧克力涂层的一面朝下）。

在装有打蛋器的搅拌机中将香草甘纳许打发，用裱花袋将香草甘纳许挤入模具内，完全覆盖住蛋糕底，并且甘纳许的厚度由中心向边缘略微抬升，甘纳许边缘的厚度与模具平齐。草莓去蒂、切半，尖部向上且均匀地插在甘纳许上。用草莓果酱填满草莓的空隙，最后再用打发的香草甘纳许填满模具，抹平，放入冰箱冷藏2小时。

取出草莓蛋糕，取下Rhodoïd®透明塑料围边，将蛋糕放入冰柜中冷冻10分钟。然后在蛋糕表面挤出3个水滴状的香草甘纳许小球。用喷枪将红丝绒喷砂喷涂在蛋糕表面。

最后将小块的柠檬蛋糕在绿色食品着色剂中蘸取颜色并装饰在蛋糕表面。最后点缀以巧克力小花，制作完成。

主厨建议

您可以将打发的香草甘纳许用打发的柠檬甘纳许替代，也可以根据喜好选择大个的草莓以凸显蛋糕中水果多汁的口感。

当然也可以在最后撒上少量金箔作为装饰来增加节日的气氛。

柠檬挞

6人份

准备时间
烹饪前一天30分钟
烹饪当天1小时30分钟

烤制时间
25分钟

工具
糕点专用喷枪1把

榛子沙布雷饼底
70克无盐黄油
70克榛子粉
70克糖粉
70克T55面粉

柠檬奶油
（提前一天准备）
150克鸡蛋（约3个中等大小的鸡蛋）
150克细砂糖
1个有机柠檬的皮屑
120克柠檬汁
1片明胶片
225克无盐黄油

柠檬酱
200克柠檬果泥
120克细砂糖

榛子沙布雷饼底
将烤箱预热至165摄氏度。
在装有搅拌桨的搅拌机的不锈钢桶中搅拌黄油直到变为足够稠的膏状。等待的同时，将榛子粉和糖粉混合后加入膏状黄油中，拌匀。接着逐渐加入面粉一起搅拌直到面团质地均匀。
将面团用擀面杖展开并擀薄约3毫米厚度，用模具裁切出大小为16厘米的方形面皮。将面皮放置在铺好烘焙纸的烤盘中，烘烤25分钟。出炉后静置冷却。

柠檬奶油
将明胶片在冷水中浸泡20分钟。
在平底锅中将鸡蛋、细砂糖、柠檬皮屑以及柠檬汁一起加热熬煮至85摄氏度，离火。
将已经泡软的明胶片用手挤干水后加入混合物中。待温度冷却到60摄氏度时，加入已经切成小块的冷黄油。将所有食材一起搅拌3分钟后，放入冰箱冷藏。

柠檬酱
在平底锅中，将柠檬果泥同细砂糖一起加热煮沸并继续沸腾5分钟。完成后将柠檬酱静置冷却后放在冰箱中冷藏。

1. 将方形榛子沙布雷饼底放在烘焙纸上。

2. 挤出水滴状的柠檬奶油。

对于如此经典的甜品，变换新奇的外形，

创造出想象中的奇妙景象，让人们大吃一惊，

这是一件非常有趣的事情。

柠檬果胶
150克中性镜面果胶
15克柠檬汁
½根香草荚

白巧克力绒面
150克白巧克力
150克可可脂

白巧克力装饰
300克白巧克力
120克可可脂

组装
紫苏叶

柠檬果胶
用柠檬汁将中性镜面果胶稀释，加入半根香草荚中剖开并刮出的香草籽，搅拌并混合后静置备用。

白巧克力绒面
将白巧克力和可可脂一同融化，搅拌并混合。使用温度为45摄氏度。

白巧克力装饰
在平底锅中用水浴法隔水融化白巧克力和可可脂，然后进行调温：在烘焙纸或硅胶烤垫上，用刮刀将巧克力刮平展开约1毫米的厚度。静置几分钟，使其冷却。
裁切出边长为16厘米的正方形巧克力片，并用另一个模具将巧克力片中心镂空出边长为11厘米的方形。保留外边方形轮廓。用喷枪将白巧克力绒面均匀地喷涂在白巧克力外层。

组装
用配有普通圆形裱花嘴的裱花袋在榛子沙布雷饼底表面挤上一些柠檬奶油球。在奶油球的空隙之间轻轻淋入柠檬酱。将方形镂空白巧克力片覆盖在奶油球的上方，最后点缀上柠檬果胶和紫苏叶。制作完成。

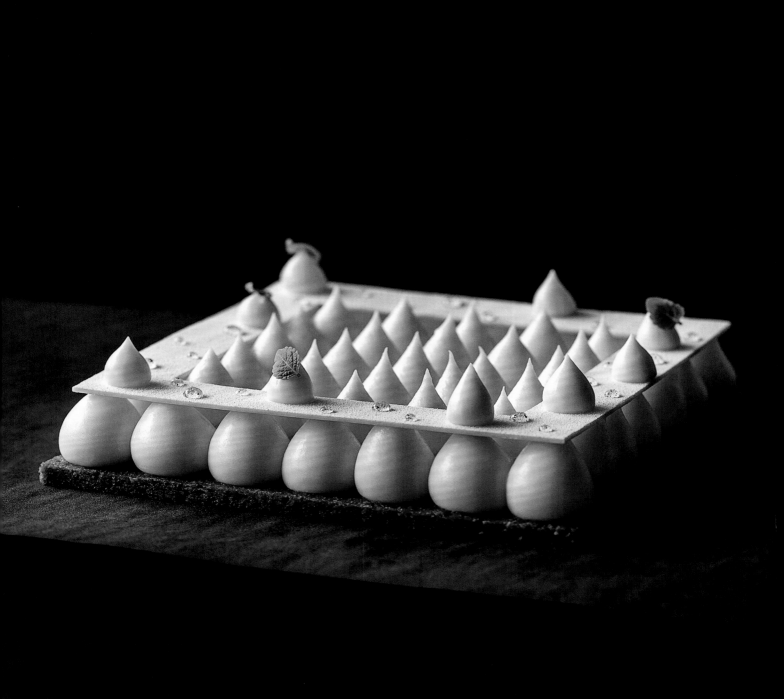

春分

6人份

准备时间
烹饪前两天1小时30分钟
烹饪前一天1小时
烹饪当天25分钟

烤制时间
22分钟

工具
1个直径16厘米、高度为4厘米的中空不锈钢圆形模具
1个直径12厘米、高度为4厘米的中空不锈钢圆形模具
Rhodoïd®透明塑料围边
糕点专用喷枪

乔孔达杏仁比斯基
（提前2天制作）
80克杏仁粉
80克糖粉
95克鸡蛋（约2个较小的鸡蛋）
90克蛋清（约3个中等大小鸡蛋的蛋清）
15克细砂糖
15克无盐黄油
20克T45面粉

焦糖奶油
（提前2天制作）
80克细砂糖
30克水
1克香草籽（约¼根香草荚）
170克淡奶油
40克蛋黄（约2个蛋黄）
2片明胶片（2.5克/片）

香草甘纳许
（提前2天制作）
270克鲜奶油
1根香草荚
2片明胶片
70克白巧克力

乔孔达杏仁比斯基

将杏仁粉和糖粉分别过筛后倒入装有打蛋器的搅拌机的不锈钢桶中混合，一点点地分次加入鸡蛋液并持续搅打至体积膨胀为原来的3倍。将混合物倒出并清洁不锈钢桶。

在洗净晾干后的搅拌桶中打发蛋清至坚挺的泡沫状，加入细砂糖搅拌均匀。

融化黄油，然后借助刮刀轻柔地将融化的黄油加入第一步搅打完成的杏仁粉蛋糊中拌匀，接着加入过筛的面粉搅拌并混合，最后加入打发的蛋白霜翻拌均匀。

烤箱预热至210摄氏度。将搅拌完成的混合物均匀摊平在已经放好烘焙纸的烤盘中。

放入烤箱烤制7分钟，出炉后静置降温。

待比斯基晾凉后，裁切成直径12厘米的圆形。在室温下静置24小时备用。

焦糖奶油

将明胶片在冷水中浸泡20分钟至泡软。

在平底锅中将水和细砂糖加热熬煮成焦糖。

同时另一边，将30克淡奶油与剖开并刮出香草籽的香草荚一同加热煮沸，然后关火浸泡10分钟。接着挑出香草荚，将30克热奶油加入焦糖内混合稀释。再把剩余的140克冷藏的淡奶油加入锅中搅拌均匀。

将蛋黄加入刚刚制作的混合物中，搅匀。最后用手将明胶片挤干水并放入锅中搅拌至所有食材混合均匀，放入冰箱中冷藏备用。

用保鲜膜将直径12厘米的不锈钢模具包底，倒入混合完成的焦糖奶油，然后铺上一片乔孔达杏仁比斯基，放入冰柜冷冻12小时后取出备用。

香草甘纳许

将明胶片在冷水中浸泡20分钟至泡软。

接着将一半的鲜奶油同剖开刮籽的香草荚一同加热至煮沸，关火后继续让香草荚浸泡5分钟。在香草奶油中加入用手挤干水的明胶片搅拌融合，然后分三次倒入白巧克力中使其乳化成光滑细腻状。搅拌均匀后加入剩余的135克冷藏鲜奶油拌匀，放入冰箱中冷藏备用。

帕林内坚果脆

30克烤制完成的甜酥挞皮面团（食谱参照
第52页"蓝莓黑加仑挞"的制作方法）
30克比利时焦糖饼干
10克可可脂
30克焦糖榛果酱

红色奶冻

（提前一天制作）
50克鲜奶油
130克牛奶
适量几滴天然红色着色剂
70克细砂糖
2片明胶片
30克中性镜面果胶

黑色绒面

80克白巧克力
65克可可脂
65克葵花籽油
适量天然炭黑色着色剂

帕林内坚果脆

将甜酥挞皮烤制15分钟，与比利时焦糖饼干一起碾碎并搅拌均匀，然后
加入融化的可可脂和焦糖榛果酱，混合拌匀。

在铺好烘焙纸或硅胶垫的烤盘上，将12厘米的不锈钢模具摆放好，将刚
刚完成的帕林内坚果脆全部填入模具中，摊平，用作蛋糕的底部。放入
冰箱冷藏。

红色奶冻

将明胶片在冷水中浸泡20分钟至泡软。

在平底锅内将鲜奶油、牛奶、红色着色剂和细砂糖一起加热煮沸。离火，
加入泡软并沥干水的明胶片拌匀，最后加入溶化至液体状态的中性镜面
果胶。混合完成后放入冰箱中冷藏12小时。

黑色绒面

将可可脂与白巧克力一同融化，加入葵花籽油和天然炭黑色着色剂，混
合均匀。

室温储存，使用时回温至45摄氏度。

组装

组装制作蛋糕的前一天：

将直径16厘米的不锈钢圆形模具放在硅胶垫上，内壁铺一圈透明塑料围
边，并在模具底部放入之前制作完成的圆形饼状帕林内坚果脆。

将香草甘纳许用装有打蛋器的搅拌机打发，装入裱花袋，在帕林内坚果脆
与模具之间的底部空隙和边缘挤入一层香草甘纳许。然后放入与乔孔达杏
仁比斯基黏合在一起的焦糖奶油冻（比斯基朝下），最后继续用剩余的香
草甘纳许填充满整个模具，直到与模具边缘齐平。抹平表面。冷冻隔夜。

组装制作当天：

将黑色绒面喷砂液装入喷枪内，均匀喷洒在已经提前脱模的蛋糕表面。

在平底锅中，小火逐渐使红色奶冻回温溶化，装入裱花袋中，在蛋糕表
面挤出大小不一的几个圆形水滴，放入冰箱冷藏。

主厨建议

提前20分钟将蛋糕从冰箱取出再开始品尝，此时的蛋糕更加美味。

圣诞节时，也可以试着在比斯基中加入制作姜饼所用的香料来增加圣诞气氛。

装饰蛋糕时的奶油冻温度不宜过高，适当的温度下水滴才能维持完美立体的圆润
形状。

喷砂的效果取决于蛋糕的冷冻程度，蛋糕温度越低天鹅绒喷砂的质感越细腻，最
终呈现的效果越好。

这款蛋糕尤其深入我心，因为从它的身上，
我们看到了一款甜点在传统与现代之间的完美
平衡：既能带给大家最传统的经典风味，又能
用现代感的设计让所有人眼前一亮。

————————————

香草巧克力蛋糕

6人份

准备时间
烹饪前两天1小时30分钟
烹饪前一天1小时
烹饪当天25分钟

烤制时间
14分钟

工具
直径16厘米、高度为4厘米的不锈钢中空
圆形模具
直径12厘米、高度为4厘米的不锈钢中空
圆形模具
Rhodoïd®透明塑料围边

维也纳可可比斯基
（提前2天准备）
40克蛋黄（约2个鸡蛋）
110克鸡蛋（约2个中等大小的鸡蛋）
115克细砂糖
70克蛋清（约2个鸡蛋的蛋清）
30克T55面粉
30克可可粉

香草酒糖液
½根香草荚
90克水
1片明胶片

白巧克力香草奶冻
（提前2天准备）
100克牛奶（全脂鲜牛奶为佳）
1根香草荚
160克白巧克力
200克鲜奶油
2片明胶片

维也纳可可比斯基

将烤箱预热至230摄氏度。

在装有打蛋器的搅拌机的不锈钢桶中将蛋黄、全蛋及85克细砂糖打发至坚挺状。另取一个容器将蛋清和剩余的细砂糖（30克）一同打发。然后将¼打发的蛋白加入之前在不锈钢桶中打发的混合物中，搅拌并混合的同时加入过筛的面粉及可可粉，最后将剩余的打发蛋白倒入拌匀。

在已铺好烘焙纸的烤盘中倒入面糊并铺平展开，放入烤箱中烤制4分钟。出炉后在网架上晾凉，然后裁切成直径12厘米的圆形薄饼。

香草酒糖液

将明胶片在冷水中浸泡20分钟至泡软。

在平底锅中加入清水以及半根已剖开并刮出香草籽的香草荚一同煮沸，让香草荚在锅中继续浸泡熬煮15分钟。关火，加入用手挤干水的明胶片。混合搅拌均匀后放入冰箱冷藏备用。

白巧克力香草奶冻

将明胶片在冷水中浸泡20分钟至泡软。

在平底锅中将牛奶与剖开并刮出香草籽的香草荚一同加热熬煮，关火后继续让香草荚在牛奶中浸泡10分钟。

另一边将白巧克力用水浴法隔水融化，将刚刚加热的香草牛奶过滤掉香草荚后，在离火状态下加入沥干水的明胶片拌匀。将⅓的热香草牛奶浇在白巧克力上搅拌，使其充分乳化。接着继续加入另外⅓的热牛奶拌匀，最后将剩下的⅓牛奶加入并混合均匀。取出事先储存在冰箱中冷藏的鲜奶油，加入刚刚完成的巧克力牛奶混合物中，拌匀。

在直径12厘米的不锈钢圆形模具内壁铺垫一圈透明塑料膜，底部包好保鲜膜。然后倒入刚刚制作完成的奶冻糊，放上用香草酒糖液轻微浸透的维也纳可可圆形薄饼。一起放入冰柜中冷冻24小时。

吉安杜佳可可比斯基

75克无盐黄油

25克可可粉

80克T55面粉

2.5克盐之花

105克细砂糖

15克鸡蛋（约¼个鸡蛋）

100克榛子粉

145克吉安杜佳牛奶榛果巧克力

打发黑巧克力甘纳许

425克鲜奶油

2片明胶片

150克黑巧克力（66%）

巧克力釉面

（提前一天准备）

110克鲜奶油

55克水

160克细砂糖

50克可可粉

2片明胶片

巧克力圆片

150克黑巧克力（66%）

金粉

吉安杜佳可可比斯基

将烤箱预热至175摄氏度。

在装有搅拌桨的搅拌机的不锈钢桶中将黄油软化，然后加入可可粉、面粉、盐之花和细砂糖。将上述食材拌匀后一点点地分次加入鸡蛋和榛子粉。

将比斯基糊倒在提前铺好烘焙纸或硅胶烤垫的烤盘中，铺开抹平后放入烤箱烤制10分钟。出炉后静置晾凉。

将烤制完成的比斯基用刀研碎，接着加入提前融化好的吉安杜佳牛奶榛果巧克力，搅拌均匀后将巧克力比斯基混合物填入直径12厘米的圆形模具中，放入冰箱冷藏。另外单独留取一些用于最后的装饰。

打发黑巧克力甘纳许

将明胶片在冷水中浸泡20分钟至泡软。

在平底锅中将125克鲜奶油加热煮沸，加入沥干水的明胶片，拌匀。接着将热奶油分三次浇在黑巧克力上，使其混合乳化。最后加入冷藏的鲜奶油搅拌均匀。

保留80克的甘纳许用于最后的蛋糕装饰。放入冰箱冷藏。

巧克力釉面

将明胶片在冷水中浸泡20分钟至泡软。

在平底锅中将鲜奶油加热煮沸，然后加入水和细砂糖一起熬煮，最后放入可可粉。离火，将沥干水的明胶片放入搅拌均匀。放入冰箱或阴凉处静置12小时备用。

巧克力圆片

将巧克力用水浴法隔水融化，然后进行调温：用一把刮刀将巧克力浆在烘焙纸或硅胶烤垫上刮平铺开约2毫米的厚度。静置几分钟使其冷却。用模具裁切出一些小圆片，撒上金粉进行装饰。室温下储存备用。

1. 将蛋糕摆放在网架或底托上，方便浇淋釉面。

2. 在蛋糕表面均匀覆盖一层巧克力釉面。

3. 用一把刮刀轻刮蛋糕表面，使釉面光滑平整。

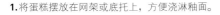

组装

白巧克力

可可粉

组装

制作前一天：

在铺好硅胶烤垫的烤盘中，放上直径16厘米的圆形模具，模具内壁铺一圈透明塑料围边。将吉安杜佳可可比斯基放入模具中。

将黑巧克力甘纳许在装有打蛋器的搅拌机的不锈钢桶中打发，填入裱花袋中，在模具内部边缘及比斯基上方挤上一层带状的黑巧克力甘纳许。

将白巧克力香草奶冻放入打发黑巧克力甘纳许中，并在奶冻与模具之间的边缘空隙处以及表面挤上一层打发黑巧克力甘纳许，将奶冻覆盖住，放入冰柜中冷冻1晚。

制作当天：

将巧克力釉面融化，蛋糕脱模并放在网架上方，将巧克力釉面均匀地淋在蛋糕表面。将融化的白巧克力倒入卷成圆锥状的烘焙纸中，在蛋糕表面画上白色的装饰线。

在装有裱花嘴的裱花袋中填入剩余的打发黑巧克力甘纳许，挤在蛋糕表面，并放上撒了金粉的巧克力圆片作为装饰。最后将吉安杜佳比斯基切成方形，在表面均匀包裹一层可可粉，摆放在蛋糕表面。完成。

呈镜面的釉面绝对是令食客们无法抵抗
的甜蜜陷阱。反光的倒影、独特的口感……
让人忍不住沉浸其中，无法自拔！

回顾经典

LES CLASSIQUESREVISITÉS

回顾经典

闭上眼睛，那是记忆中橱窗外

孩子们仰头渴望的缤纷甜点……

甜点店将带领大家重新回顾这些永恒的经典……

圣特罗佩挞、帕夫洛娃蛋糕、红色浆果旺修兰冰激凌蛋糕、黑森林蛋糕……这些耳熟能详的甜点名称就像是探索快乐源泉的坐标一般，标记着食客们想象中的美食地图上的一座座城市……红色浆果下的烤蛋白饼的酥脆；透着神秘黑色的糖浆；轻盈的尚蒂伊奶油……就此起航吧，让我们一起驶向永恒世界的终点。

帕夫洛娃蛋糕

6人份

准备时间
1小时

烤制时间
70分钟

法式烤蛋白饼
100克蛋清（约3个大鸡蛋）
1撮盐
3克青柠檬汁
100克细砂糖
100克糖粉
椰蓉

覆盆子青柠酱
200克覆盆子
1个有机青柠檬的皮屑
30克粗红糖
3克NH果胶

法式烤蛋白饼

在装有打蛋器的搅拌机的不锈钢桶中，将蛋清、盐、青柠汁一同混合打发。接着分三次加入细砂糖直到打发至蛋白霜质地坚挺，此时加入过筛的糖粉。

在烤盘上铺好烘焙纸，用装有5号裱花嘴的裱花袋将蛋白霜挤出呈一个直径18厘米的圆盘。并用8号裱花嘴围绕蛋白霜圆盘的边缘挤上一圈小蛋白球作为装饰。在蛋白霜表面撒上一层椰蓉。

将烤箱预热至130摄氏度，然后将椰蓉蛋白霜放入烤箱烤制45分钟。

覆盆子青柠酱

将青柠檬皮屑同覆盆子一起在平底锅中加热，另取一个容器将粗红糖和NH果胶混合。待锅中的覆盆子和柠檬皮屑加热至温度达到45摄氏度，放入粗红糖和NH果胶混合物一起搅拌均匀，继续加热至沸腾。关火，放入冰箱或阴凉处静置备用。

淡奶油

95克马斯卡彭奶酪

185克鲜奶油

50克细砂糖

1根香草荚

组装

125克草莓

125克覆盆子

100克野草莓

50克桑葚

50克蓝莓

淡奶油

一点点地用鲜奶油使马斯卡彭奶酪松散开并继续混合搅拌，加入细砂糖以及将香草荚剖开刮出的香草籽。将所有食材均匀混合，并放入冰箱或阴凉处静置备用。

组装

在装有打蛋器的搅拌机的不锈钢桶中，打发淡奶油直到质地变为浓稠。

在装有裱花嘴的裱花袋中装入覆盆子青柠酱，挤在法式烤蛋白饼的表面，再在上方叠加一层淡奶油，最后用各种红色浆果覆盖在蛋糕表面并放上椰蓉烤蛋白球进行装饰。

重新放入烤箱烤制25分钟。

出炉后静置晾凉。将底层蛋白饼横向切为两半，并在底部挤上一层淡奶油球，将蛋白饼顶部叠放在奶油球上，最后在表面撒上一些糖粉。完成。

帕夫洛娃蛋糕，一场视觉和味觉的双重盛宴！

缤纷的水果、酥脆的蛋白饼……不同质地的口感、

各种口味之间的混合与碰撞……简直妙不可言！

红色浆果旺修兰冰激凌蛋糕

6人份

准备时间
烹饪前一天40分钟
烹饪当天1小时30分钟

烤制时间
2小时30分钟

工具
糕点装饰用齿状刮纹尺1把
Rhodoïd®透明塑料围边
椭圆形不锈钢模具1个

法式烤蛋白
（提前一天准备）
100克蛋清（约3个大鸡蛋）
100克细砂糖
100克糖粉
红色食用着色剂
粉色食用着色剂

酸奶雪芭
（提前一天准备）
133克细砂糖
133克水
333克无糖原味酸奶

香草尚蒂伊奶油
300克鲜奶油（乳脂含量≥30%）
½根香草荚
20克糖粉

覆盆子尚蒂伊奶油
118克马斯卡彭奶酪
235克鲜奶油
63克细砂糖
84克覆盆子果泥

覆盆子酱
279克覆盆子
75克细砂糖
5克NH果胶
26克柠檬汁

组装
125克新鲜树莓
装饰用银箔

备注：如果有剩余的蛋白霜或是雪芭，可分开保存在密封盒中冷冻储存备用。

法式烤蛋白

在装有搅拌桨的搅拌机的不锈钢桶中打发蛋清至密集的泡沫状，此时加入细砂糖使蛋白收紧，接着加入过筛的糖粉，搅拌均匀。将蛋白霜平均分为三份，一份加入红色着色剂，一份加入粉色着色剂。将第三份白色蛋白霜放入裱花袋中，挤在光滑平整的Rhodoïd®透明塑料围边上，然后用齿状刮纹尺在白色蛋白霜表面刮出规律的条形凹槽，在空缺的缝隙中分别挤入红色和粉色的蛋白霜。

在椭圆形模具中放入表面有条纹蛋白霜的Rhodoïd®透明塑料围边。将其紧贴内壁形成椭圆形。用白色蛋白霜填底，并用剩余的蛋白霜挤出一些带尖的白色水滴状小球，用作装饰。将蛋白霜放入烤箱以80摄氏度的温度烘烤2小时30分钟。

酸奶雪芭

在平底锅中将水和细砂糖熬煮成糖浆。将酸奶与糖浆混合，晾凉后将酸奶混合物放入冰激凌机中搅拌30分钟。取出后的雪芭放入冰柜中冷冻1晚。

香草尚蒂伊奶油

将冰凉的鲜奶油用搅拌机打发。待奶油打发完成后，加入半根香草荚中的香草籽，然后加入糖粉继续轻柔搅拌，质地变得坚挺后停止搅拌。将完成的尚蒂伊奶油放入冰箱或阴凉处静置冷藏。

覆盆子尚蒂伊奶油

用鲜奶油将马斯卡彭奶酪软化并持续混合搅拌，加入细砂糖和覆盆子果泥拌匀。将所有食材用搅拌机一同打发，放在冰箱或阴凉处静置备用。

覆盆子酱

将一半量的覆盆子放入平底锅中与¾的细砂糖混合加热。将剩余的细砂糖与NH果胶拌匀，待混合均匀后将细砂糖与NH果胶的混合物加入覆盆子中一同加热至沸腾，持续沸腾2分钟后关火。倒出煮沸的覆盆子混合物，然后与剩余的新鲜覆盆子和柠檬汁拌匀。冷却后放入冰箱冷藏备用。

组装

将烘烤完成的蛋白霜取出。在烤蛋白饼底表面挤上香草尚蒂伊奶油，然后叠加一层酸奶雪芭。在雪芭上方边缘挤上一圈覆盆子酱，然后用装有裱花嘴的裱花袋挤上覆盆子尚蒂伊奶油球和香草尚蒂伊奶油球，将中心填满。取3颗覆盆子对半切开，并点缀在奶油球中间。最后再滴上几滴覆盆子酱，放上水滴形烤蛋白饼和几片银箔作为点缀。完成。立刻开始享受美味吧。

圣特罗佩挞

6人份

准备时间
烹饪前一天1小时30分钟
烹饪当天1小时

工具
直径20厘米的不锈钢圆形中空模具1个

烤制时间
25分钟

布里欧修面团
(提前一天准备)
280克T45面粉
30克细砂糖
6克细盐
12克面包酵母
186克鸡蛋(约3个中等大小的鸡蛋)
225克无盐黄油

蛋黄浆
1个鸡蛋+1个蛋黄
1汤匙水

香草卡仕达奶油酱
440克牛奶
2根香草荚
80克细砂糖
80克蛋黄(约4个大鸡蛋)
40克奶油粉
2片明胶片
150克鲜奶油
30克无盐黄油

布里欧修面团

在装有搅拌钩的搅拌机的不锈钢桶中,用一挡(低速)速度混合拌匀面粉、细砂糖、盐以及面包酵母。

待上述食材混合均匀后,一点点地分次加入鸡蛋,搅拌直到面团均匀混合。然后改为二挡速度搅拌面团直到面团完全脱离盆壁为止。

加入切成小块的黄油同时改为一挡速度搅拌,直到所有食材均匀混合。再一次改为二挡速度搅拌直到面团完全脱离盆壁。

用擀面杖将面团擀成厚约1.5厘米的面皮,用直径20厘米的模具裁切出圆形面皮,放入冰箱冷藏12小时。

蛋黄浆

将制作蛋黄浆所需的全部食材在碗中混合。放入冰箱冷藏备用。

香草卡仕达奶油酱

将明胶片在冷水中浸泡20分钟至泡软。

在平底锅中加热牛奶至微微滚动。此时加入剖开并刮出香草籽的香草荚,并在锅中浸泡20分钟。

另取一个容器,将细砂糖、蛋黄以及奶油粉混合拌匀。将刚刚加热的香草牛奶过滤后倒入蛋黄奶油粉混合物中。将上述食材重新在火上加热煮沸,并持续沸腾3分钟。

离火,加入沥干水并在冰箱中冷藏45分钟的明胶片及黄油。

将鲜奶油打发。另取一个搅拌盆将卡仕达奶油酱解开后,一点点地加入刚刚打发的奶油,混合均匀后放入冰箱中冷藏。

组装

100克珍珠糖

糖粉

组装

制作当天，预热烤箱至30摄氏度，待温度恒定后将烤箱关闭等待5分钟。从冰箱取出提前制作完成的布里欧修面团，放在铺好烘焙纸的烤盘上，放入烤箱中静置发酵30分钟。

取出发酵完成的面团，将烤箱温度调至165摄氏度。用刷子将蛋黄浆均匀地涂抹在面团上，撒上珍珠糖，放入烤箱烤制25分钟。

出炉后静置冷却，水平横向将布里欧修面包切成上下两个部分。并在底部的面包上挤上一些香草卡仕达奶油球，将顶部面包叠放在奶油球上方，最后在表面撒上糖粉作为装饰。

主厨建议

可以在糖浆中加入一些橙花来浸透布里欧修面包，或是在面包制作过程中加入玫瑰榛子酱或是榛子碎。

在制作当天烤制新鲜的布里欧修面包，可以更好地保留面包的松软和柔韧。

您也可以在奶油中加入一些糖渍橙皮碎屑，增添清新的夏季味道。

黑森林蛋糕

6人份

准备时间
烹饪前两天1小时30分钟
烹饪前一天1小时
烹饪当天30分钟

烤制
11～12分钟

工具
边长为10厘米的不锈钢正方体中空模具4个
Rhodoïd®透明塑料围边
边长为16厘米×16厘米、高度3厘米的不锈钢中空模具1个
巧克力专用喷枪1把

可可比斯基
（提前2天准备）
25克面粉
25克马铃薯淀粉
30克可可粉
120克蛋黄（即6个大鸡蛋）
125克细砂糖
60克无盐黄油
125克蛋清（约4个中等大小的鸡蛋的蛋清）

覆盆子冻
（提前2天准备）
90克新鲜覆盆子
120克细砂糖
10克NH果胶
80克杏仁粉

可可比斯基

将烤箱预热至210摄氏度。

将面粉、马铃薯淀粉和可可粉分别过筛。将蛋黄加⅔细砂糖搅拌，打发成均匀柔滑的蛋黄糊，直至打蛋器蘸满蛋黄糊提起时蛋黄糊如丝带般均匀落下不断裂。

打发蛋黄的同时，将黄油融化，拌匀。将融化的黄油倒入蛋黄糊中，同已经过筛的面粉、马铃薯淀粉和可可粉一同混合搅拌。另取一个搅拌盆打发蛋清，待均匀打发后加入⅓的细砂糖轻柔搅拌，让蛋白略微收紧。一点点地将打发的蛋白加入面团中并混合均匀。

在铺好烘焙纸的烤盘中将面团均匀铺展开，放入烤箱烤制11～12分钟。出炉后在室温下静置备用。

覆盆子冻

在容器中混合细砂糖和NH果胶。另取一个平底锅，将覆盆子加热至45摄氏度，放入混合完成的细砂糖和NH果胶，继续加热至煮沸并持续沸腾2分钟。关火。将覆盆子酱倒入糖渍盘或是搅拌盆中冷却，然后加入杏仁粉搅拌晾凉。放入冰箱冷藏。

卡仕达香草奶油

（提前2天准备）

150克鲜牛奶，优先选用全脂鲜牛奶

½根香草荚

25克蛋黄（约1个蛋黄）

30克细砂糖

10克T55面粉

5克奶油粉

15克无盐黄油

基尔希樱桃酒慕斯

（提前2天准备）

130克卡仕达香草奶油

5克明胶片

30克基尔希樱桃酒（kirsch）

330克鲜奶油

巧克力慕斯

（提前1天准备）

160克牛奶

2片明胶片

220克调温黑巧克力

280克鲜奶油

巧克力釉面

（提前1天准备）

200克细砂糖

75克水

70克可可粉

140克鲜奶油

10克明胶片（5片）

卡仕达香草奶油

将牛奶在平底锅中加热熬煮至微微滚动，加入半根剖开并刮出香草籽的香草荚，盖上锅盖浸泡15分钟，让香草与牛奶充分混合。

另取一个容器，将蛋黄、细砂糖、面粉和奶油粉混合拌匀，然后加入过滤后的香草牛奶。将混合后的奶油糊重新在火上加热至沸腾，不停搅拌并持续沸腾3分钟。最后加入黄油并混合均匀。倒出并在冰箱中冷藏。

基尔希樱桃酒慕斯

小火加热卡仕达香草奶油使其变温，加入提前泡软并沥干水的明胶片。关火，使其温度降至35摄氏度，加入基尔希樱桃酒并混合均匀。

将鲜奶油打发，然后一边手动搅拌一边在打发的奶油中倒入卡仕达香草奶油拌匀。

巧克力慕斯

将明胶片在冷水中浸泡20分钟至泡软。

在平底锅中将牛奶加热煮沸，离火后加入沥干水的明胶片。将明胶片在牛奶中搅匀后将牛奶浇在黑巧克力上，混合搅拌。

打发鲜奶油，然后倒入牛奶黑巧克力混合物中，拌匀后静置备用。

巧克力釉面

将明胶片在冷水中浸泡20分钟至泡软。

将细砂糖和水熬煮成糖浆，加入可可粉拌匀。

将奶油煮沸后加入糖浆中混合搅拌。待混合物降温至70摄氏度，将沥干水的明胶片放入混合物中搅匀。将所有食材混合均匀后在室温下静置备用。

黑巧克力绒面

将黑巧克力同可可脂一起融化混合。使用时回温至45摄氏度。

黑巧克力绒面
200克黑巧克力
200克可可脂

组装
新鲜樱桃

组装

提前两天在铺有烘焙纸或是硅胶烤垫的烤盘中，摆放一个大小为16厘米×16厘米的正方形模具，模具内部提前铺好Rhodoïd®透明塑料薄围边。将可可比斯基裁切成模具大小的方形。

用刮刀将覆盆子冻均匀涂抹在方形可可比斯基底的表面，放入冰箱中冷藏20分钟。取出后在覆盆子冻上方浇上一层基尔希樱桃酒慕斯，确保慕斯和覆盆子冻的总体厚度不超过2厘米。放入冰柜中冷冻1晚。

提前一天将蛋糕脱模，撕去塑料膜，切成4个大小为7厘米×7厘米的小正方形。在铺有烘焙纸或是硅胶烤垫的烤盘中，将边长10厘米的正方体模具摆放好，内部铺垫Rhodoïd®透明塑料薄围边。放入切好的7厘米×7厘米的小正方形，然后用裱花袋将巧克力慕斯填满蛋糕与模具四周空隙并覆盖顶部。以同样的方法完成剩下的3个小正方体的制作，将表面的慕斯刮平整后，放入冰柜冷冻12小时。

组装当天取掉不锈钢模具和透明塑料膜，将4个巧克力正方体放在平坦的盘子或工作台上。用喷枪在蛋糕表面均匀喷涂黑巧克力绒面。最后用裱花袋在蛋糕表面点缀上几滴巧克力釉面水滴，摆放上新鲜的樱桃。完成。

主厨建议

可以在制作基尔希樱桃酒慕斯时适当加入酸樱桃果肉碎以增加口感。
您也可以用巧克力镜面釉面代替黑巧克力绒面包裹蛋糕，使表面富有光泽。

零陵香豆酸樱桃树桩蛋糕

6人份

准备时间
烹饪前两天3小时
烹饪前一天1小时30分钟
烹饪当天45分钟

烤制时间
14分钟

工具
树桩蛋糕模具1个
甜点专用喷枪1把

维也纳可可比斯基（提前2天准备）
40克蛋黄（约2个鸡蛋）
110克鸡蛋（约2个中等大小的鸡蛋）
115克细砂糖
70克蛋清（约2个鸡蛋）
30克T55面粉
30克可可粉

吉安杜佳可可比斯基（提前2天准备）
75克无盐黄油
25克可可粉
80克T55面粉
2.5克盐之花
105克细砂糖
15克鸡蛋（约¼个鸡蛋）
100克榛子粉
145克吉安杜佳牛奶榛果巧克力

零陵香豆甘纳许（提前2天准备）
70克白巧克力
340克鲜奶油
1咖啡匙零陵香豆豆蓉（将零陵香豆用工具擦成蓉）
2片明胶片

维也纳可可比斯基

将烤箱预热至230摄氏度。

在装有打蛋器的搅拌机的不锈钢桶中将蛋黄、全蛋及85克细砂糖打发至坚挺。另取一个容器将蛋清和剩余的细砂糖（30克）一同打发。然后将¼打发的蛋白加入之前在不锈钢桶中打发的混合物中，搅拌并混合的同时加入过筛的面粉及可可粉，最后将剩余的打发蛋白倒入其中拌匀。

在已铺好烘焙纸的烤盘中倒入面糊并铺平展开，放入烤箱中烤制4分钟。出炉后在网架上晾凉，然后裁切成16厘米×4厘米的长条薄饼。

吉安杜佳可可比斯基

将烤箱预热至175摄氏度。

在装有搅拌桨的搅拌机的不锈钢桶中将黄油软化，然后加入可可粉、面粉、盐之花和细砂糖。将上述食材拌匀后一点点地分次加入鸡蛋和榛子粉。

将比斯基面糊倒在提前铺好烘焙纸或硅胶烤垫的烤盘中，铺开抹平后放入烤箱烤制10分钟。出炉后静置晾凉。

将烤制完成的比斯基用刀研碎，接着加入提前融化好的吉安杜佳牛奶榛果巧克力，搅拌均匀后将混合物铺展开并裁切成20厘米×6厘米（配合模具大小）的长方形。放入冰箱冷藏。

零陵香豆甘纳许

将明胶片放入冷水中浸泡20分钟至泡软。

在平底锅中将巧克力用水浴法隔水融化。与此同时另取一个锅，将一半的鲜奶油加热至沸腾。待奶油煮沸后关火，加入零陵香豆豆蓉并盖上盖子使其在锅中浸泡5分钟。将明胶片沥干水后加入热奶油中拌匀。然后分三次将热奶油浇在白巧克力上搅拌，使其充分乳化。最后加入剩余的冷藏鲜奶油，混合拌匀，放在冰箱中静置12小时。

酸樱桃果酱（提前1天准备）
215克去核樱桃
130克酸樱桃果泥
50克细砂糖
5克果胶
10克柠檬汁

酸樱桃釉面（提前1天准备）
100克鲜奶油
260克牛奶
天然红色食品着色剂
140克细砂糖
4片明胶片
60克中性镜面浇层

白巧克力片
300克白巧克力

白巧克力绒面（提前1天准备）
150克白巧克力
150克可可脂

酸樱桃果酱

在平底锅中将去核樱桃、酸樱桃果泥以及¾的细砂糖一起加热煮沸。
将剩余的细砂糖同果胶混合均匀后倒入平底锅中，与沸腾的樱桃果泥再次混合煮沸。离火，加入柠檬汁，将果酱倒出静置冷却。放入冰箱或放在阴凉处静置1晚。

酸樱桃釉面

将明胶片在冷水中浸泡20分钟至泡软。
将鲜奶油、牛奶、细砂糖在平底锅中煮沸。离火后加入沥干水的明胶片、提前融化的中性镜面浇层和几滴食品着色剂。混合均匀后放入冰箱冷藏12小时。

白巧克力片

在平底锅中将白巧克力用水浴法隔水加热，然后开始调温：在烘焙纸或硅胶烤垫上，用刮刀将白巧克力刮平展开约1毫米的厚度。静置几分钟，使其冷却。
待巧克力片冷却后裁切出大小为18厘米×2厘米的带状巧克力条，保存在室温下备用。

白巧克力绒面

将巧克力与可可脂一起融化，放置备用。
在长条状白巧克力片上用裱花袋均匀地挤出蛇形蜿蜒的零陵香豆甘纳许。
然后用喷枪在甘纳许表面均匀喷洒一层白巧克力绒面。

圣诞节总是会有一些充满神奇的魔力事物。

这款树桩蛋糕就像是静静等待，

直到晚餐最后一刻才缓缓展开的帷幕，

而晚餐本身就是一场表演。

所有都要以最光彩美丽的形式收场。

组装

组装完成前一天

在装有打蛋器的搅拌机的不锈钢桶中将零陵香豆甘纳许打发。在树桩蛋糕模具底部均匀挤上一层打发的零陵香豆甘纳许，然后慢慢向上移动，在两边也铺满一层零陵香豆甘纳许直到模具边缘。在底部涂满一层酸樱桃果酱，然后放上长方形的维也纳可可比斯基，在比斯基上再覆盖一层零陵香豆甘纳许，使厚度达到整个模具的¾。然后将吉安杜佳可可比斯基叠放并嵌入其中，最后覆盖一层零陵香豆甘纳许并用刮刀将表面刮平整，放入冰柜冷冻1晚。

组装当天

将酸樱桃釉面融化，将树桩蛋糕从冰柜中取出脱模并放在网架上。将酸樱桃釉面均匀地浇在树桩蛋糕表面，完成釉面浇层。最后在蛋糕上方摆放上喷砂的甘纳许和白巧克力片。制作完成。

主厨建议

可以将零陵香豆换成其他香料，比如砂拉越胡椒等。
您也可以根据个人口味将酸樱桃用覆盆子等其他水果替代。

附录

ANNEXES

甜点食谱一览表

食材索引

加隆·巴德尔感谢陶瓷技师的宝贵合作：

马里翁·格鲁（Marion Graux），www.mariongraux.com
第33、156、161、162页

里娜·梅纳第（Rina Menardi），www.rinamenardi.com
第43、53、136、144、201、203、209页

纺织品：www.caravane.fr

致谢

给予我共赴这段美妙探险的博努瓦。感谢你的天分，你的严谨与认真，正是这样的默契将你我紧紧地联结在一起。

致我的甜点师、巧克力师和面包师们，作为甜点技艺的捍卫者，请收下我对你们的天分和才能发自内心的谢意。

致我的销售团队的每一位成员，给每一天都保持最完美的状态，永远面带微笑的你们。

致大卫，我的合伙人、前进道路上的好伙伴，感谢这份坚固而经久不衰的友谊。

致劳伦斯·芒蒂，谢谢你为这本书带来的观点和想法，以及给予的支持和帮助。

致纪尧姆·加朗，多么美好的相遇！感谢你带领我们发现了甜点店如此多美丽的视角。

致加隆，谢谢你那如同仙女般充满了神奇魔法的双手和对细节的敏感让一切都变得不同。

致保罗·亨利，感谢你将我们的思想如此精准地用文字一一记录下来。

致洛尔·阿林，是你让这个独一无二的计划得以实施，感谢你的信任。

西里尔·利尼亚克

我们的店铺

www.lapatisseriecyrillignac.com